私たちが、地球に住めなくなる前に

宇宙物理学者から見た人類の未来

On the Future

Prospects for Humanity

マーティン・リース
Martin Rees
塩原通緒 訳

作品社

私たちが、地球に住めなくなる前に＊目次

第3章　宇宙から見た人類　129

第4章　科学の限界と未来　175

私たちが、地球に住めなくなる前に

――宇宙物理学者から見た人類の未来

まえがき

これは未来についての本である。私は個人的な視点から、三種類の立場でこれを書いている。科学者として、市民として、そして人類という種の心配性な一員としてだ。世界人口が増えつづけている現状にあって、人々の繁栄は科学とテクノロジーがどんな知恵を用意できるかにかかっている――これが本書の一貫したテーマだ。

今の若い人たちは、おそらく今世紀が終わるまで生きていられるだろう。ならば、どうしたら彼らが平穏な未来を確実に手に入れられるかを考えたい。バイオ技術、サイバー技術、AI技術など、かつてなく強力なテクノロジーはそうした未来も切り開けるが、逆に破壊的な作用をもたらす恐れもある。賭けられているものはかつてなく大きい。今世紀に起こることが、何千年も先まで影響するかもしれないのだ。本書ではそうした幅広いテーマを取り扱うが、もちろん、専門家といえども正しい予測ができるわけでないことはわかっている。それはそれでかまわない。科学と地球の長期的な傾向について、誰もが参加できる政治的な対話を促すのは非常に重要なことだと思うからだ。

本書のテーマは、さまざまな聴衆に向けて行なってきた数々の講演を通じて膨らみ、研ぎ澄まされてきた。そうした講演のひとつが二〇一〇年のBBCリース講義で、これは『ここから無限へ』という題で書籍化されている（Martin Rees, *From Here to Infinity: Scientific Horizons* [London: Profile Books, 2011; New York: W. W. Norton, 2012]）。こうした過程で私にフィードバックをくださった聴衆と読者のみなさまに感謝したい。また、本文中で個別に記載してはいないが、専門知識を備えた友人や同僚たちから種々の情報を（知っていることも知っていないことも含めて）いただいたことにも格別の感謝を申し上げ、ここで何人かのお名前を（アルファベット順に）挙げさせていただく。パーサ・ダスグプタ、スチュアート・フェルドマン、イアン・ゴールデン、デミス・ハサビス、ヒュー・ハント、チャーリー・ケンネル、デイヴィッド・キング、ショーン・オヘイガティ、キャサリン・ローズ、リチャード・ロバーツ、エリック・シュミット、ジュリアス・ウエイツドーファー。

本書を企画し、私の執筆中にいろいろと助言をくださったプリンストン・ユニバーシティ・プレスのイングリッド・グナーリッチには、特別に感謝を申し上げたい。原稿整理はドーン・ホール、索引作成はジュリー・ショーヴァン、テキストデザインはクリス・フェランテが担当してくださった。そして同社のジル・ハリス、サラ・ヘニング゠スタウト、アリソン・カレット、デブラ・リース、ドナ・リース、アーサー・ワーネック、キンバリー・ウィリアムズは、出版過程を通じてずっと本書を手際よく面倒見てくださった。これらのみなさまにも御礼を申し上げる。

序章

広い宇宙の片隅で

どこかに宇宙人がいて、この地球を四五億年間ずっと眺めてきたと想像してみよう。彼らはいったい何を見ただろう。そのとてつもなく長い時間の大半をかけて、地球の外観はゆっくりと、少しずつ、変わっていった。大陸が移動し、氷が張っては解け、生物の種がつぎつぎと生まれては進化し、絶滅した。

だが、地球の歴史のほんのわずかな期間――この一万年――に、植生パターンはそれまでよりもずっと速く変化した。これは農業が始まったしるしで、のちには、都市化が始まったしるしだった。

人間の数が増えるにしたがって、変化の速度はいっそう増した。

さらに急速なペースで進んだ変化もあった。大気中の二酸化炭素の量は、わずか五〇年のうちに異常なほど速く増えてきている。そして、また別の新奇なことも起こった。地表から発射されたロケットが生物圏を完全に脱したのだ。あるものは地球の周回軌道に乗せられ、あるものは月へ、あるものは別の惑星へ飛び立った。

想像上の宇宙人は、いずれ地球の気温がしだいに上昇し、太陽が燃え上がって死にいたる約六〇億年後に地球の最期が来ることも知っているだろう。だが、宇宙人は予測できていただろうか——地球がまだ生涯の半ばにあるにもかかわらず、突然の、人為的な「発熱」が起こって、手に負えないほどの速さで進んでいることを。

地球をずっと眺めつづける宇宙人は、次の世紀に何を目撃するだろう。最期の痙攣と、それに続く沈黙か？　それとも地球の生態系は安定するのか？　あるいは地球から発射されたロケット艦隊が新しい命のオアシスをどこか別のところに生み出すのか？

この本は、これから先に何が待ちかまえているかについて、いくつかの希望と、恐れと、推測を提示するものだ。今世紀を生き延びて、これまで以上に傷つきやすくなっているこの世界をもっとずっと先まで持続させられるかは、ある種のテクノロジーを加速させながら、別種のテクノロジーを責任をもって抑制できるかにかかっている。その舵取りにあたっての課題はきわめて大きく、困難だ。私はここで、科学者（天文学者）として、そしてまた今後を憂える人類の一員としても、私的な見解を伝えたいと思う。

＊

中世のヨーロッパ人にとって、宇宙論のすべては――天地創造から黙示録まで――わずか数千年の期間に収まっていた。だが今や、私たちはその一〇〇万倍もの期間を思い描くことができる。とはいえ、そのとてつもなく広がった視野で見ても、今世紀は特別だ。私たち人類というひとつの生物種が、この惑星の未来を掌中にできるほど権限と支配力を持った初めての世紀なのである。私たちは今、一部の地質学者が「人新世（じんしんせい）」と呼ぶ時代に突入している。

古代の人々は、洪水や致命的な疫病の前に無力であり、途方にくれるしかなかった。そしてたいてい、それらに不合理な恐れを抱いた。地球の大部分は未知の地（テラ・インコグニタ）だった。古代人にとっての宇宙は、太陽といくつかの惑星と、そのまわりの「空の丸天井」に点在する無数の固定した星、それだけだった。今日の私たちは、太陽がわれわれの銀河にある一〇〇〇億の恒星のひとつであること、そしてわれわれの銀河そのものも、ほかに少なくとも一〇〇〇億はある銀河のひとつにすぎないことを知っている。

だが、これほどまでに概念上の地平線が広がったにもかかわらず――そして自然界に対する理解が深まり、掌握力が高まったにもかかわらず――私たちがまともに計画を立てられる時間尺度、あるいは自信を持って予見できる時間尺度は、長くなるどころか短くなっている。ヨーロッパの中世は大荒れで不確実な時代だった。しかしこの時代は、世代が次へと移ってもほとんど変わらない「背景幕」の前で展開していた。中世の石工がひたすら大聖堂の煉瓦を積み重ねても、大聖堂が完成するまでには一〇〇年かかるのだ。しかし彼らと違って今日の私たちの場合、次の世紀は現在とは桁外れに違っているだろう。社会や技術が変化する時間尺度はますます短くなる一方で、生物学や地質学や宇宙論の時間幅は一〇億年単位であり、両者のあいだには爆発的な乖離が進んできた。

今や人間はとてつもなく数が増え、これらが刻みつける集合的な「足跡」により、生物圏全体を変容させるどころか、ことによっては荒廃させることまでできるようになっている。世界の人口が増え、人間の要求が多大になるにつれ、自然環境にはますます大きな負荷がかかる。もしも「臨界点」を超えてしまえば、人間の行動が危険な気候変動や大量絶滅をもたらしかねない。その結果、未来の世代には枯渇した、痩せ衰えた世界が残されることになる。だが、そうしたリスクを減らすにあたって、テクノロジーにブレーキをかける必要はない。むしろ逆に、自然に対する理解をもっと深めて、適切なテクノロジーをいっそう迅速に配備する必要がある。これが本書の第1章のテーマだ。

今の世界の大半の人は、自分たちの親よりもよい生活を送れている。そして赤貧にあえぐ人の数は、一貫して減りつづけている。人口が急速に増えていながらも、このような改善が実現したのは、科学とテクノロジーの進歩があってこそだった。科学とテクノロジーはこの世界のポジティブな力だったのだ。第2章では、私たちの生活、私たちの健康、私たちの環境が、バイオテクノロジー、サイバーテクノロジー、ロボット工学、ＡＩ（人工知能）のさらなる進歩から、さらに多くの利益を得られるのだということを論じていく。そのぐらい私はテクノロジー楽観論者なのだ。とはいえ、潜在的なマイナス面もある。これらの進歩は、相互接続がますます進む世界を新しい種類の脆弱性にさらす。ひょっとすると今後一〇年か二〇年のうちにも、テクノロジーは労働形態や国家経済や国際関係を混乱に陥れるだろう。誰もが相互接続されるようになる時代、恵まれない人が自分の窮状に気づける時代、移住が容易な時代にあっては、地域によって福祉水準や個人の将来性に大きな――今日の地政学で見られるのと同じぐらいの――隔たりがあるかぎり、平和な世界を楽観することとは難しい。とくに、人間の生活を向上させられる遺伝学と医学の分野での進歩が少数の特権階級にしか享受されず、もっと根本的なかたちの不平等の前兆になるのであれば、不安はいっそう募るというものだ。

物資的な進歩だけでなく道徳的な感性にも進歩があるはずだと熱く主張して、薔薇色の未来を売り込む人もいることはいる。だが、私はこの見方に同意しない。もちろん喜ばしいことに、テクノロジーのおかげで、ほとんどの人の暮らしや将来性は、教育の面でも健康の面でも寿命の面でも、明らかに向上してきた。しかしながら、実際の世界の状況と、ありえたはずの世界の状況との開きは、今やかつてのどの時代にもまして大きい。中世の人々の暮らしは悲惨だったかもしれないが、その暮らしを向上させるためにできたことはほとんどなかった。対照的に、今日の世界の「下位一〇億人」の窮状は、世界で最も裕福な一〇〇〇人の富を再分配していれば変えられたかもしれなかった。国家にはそうした失態を修正する力があるにもかかわらず、この人道主義的な要請に実際に応えられていないことからして、制度的な道徳の進歩をいかように主張されようと、その言い分には疑いを向けざるを得ない。

　バイオテクノロジーとサイバーワールドの潜在能力にはわくわくさせられる――が、同時にそこには恐ろしさもある。私たちはすでに、個人的にも集合的にも、加速するイノベーションによって非常に多くのことができるようになっている。それは今後何世紀にもわたって影響するような世界規模の変化を――意図的に、あるいは想定外の結果として――生み出せるイノベーションだ。スマートフォン、インターネット、およびそれらの付属物は、すでに私たちのネットワーク化された生活に不可欠なものになっている。しかし、たった二〇年前でも、こうしたテクノロジーは魔法のように見えていただろう。ゆえに数十年先のことを想像するときは、つねに思考をオープンに、少なくとも隙間ぐらいは空けておかなくてはならない。さもないと、現時点ではサイエンスフィクションかと思われるような変革的な進歩を頭から締め出すことになってしまうだろう。
たった数十年先のことでも、そのときの生活様式や思考様式、社会構造や人口規模を確実に予測することはできない。ましてや、これらの傾向が展開される地政学的な背景を見通すのはなお難しい。さらに言えば、数十年以内に生じうる未曾有の変化にも気を配るべきだろう。人間そのもの――その精神構造や体格――が、遺伝子組み換えやサイボーグ技術などの普及を通じて、いかようにも変形できるものになるかもしれない。これは一大変革だ。古代から生き残ってきた文学作品や工芸品を賞賛するとき、私たちは数千年の時間の隔たりを越え、それらを作った古代の芸術家や古代の文明に親近感を覚えている。だが、数世紀後の支配的な知的存在がはたして私たちと感情的な共鳴をするかについては、まったくもって確信が持てない。たとえ彼らが私たちの行動に関してアルゴリズム的な理解を持っていたとしてもだ。

二一世紀が特別なのには、もうひとつ理由がある。これは人類が地球の外に居住地を作るかもしれない最初の世紀なのだ。異世界への最初の「入植者」は、そこの厳しい環境に適応する必要がある。そして、そこにはもう地球上の規制は及ばない。これらの冒険者たちは、有機的な知能から電子的な知能への移行の先陣を切るのかもしれない。その新しい「生命」の化身は、惑星の大地も大気も必要としないから、太陽系のはるか外にまで拡散していける。ほとんど不死身の電子的存在になら、星間移動だってたやすいことだ。もし生命が地球特有のものなら、この離散（ディアスポラ）は宇宙にとっての一大事件だ。しかし、もし知的存在がすでに宇宙に満ち満ちているなら、私たちの子孫はそれと融合することになるだろう。これは天文学的な時間尺度で展開することであり、とうてい「ただの」世紀単位で進むことではない。第3章では、こうした長期的なシナリオについての展望を紹介する。将来、ロボットが「有機的」な知能に取って代わるのかどうか、そしてそのような知能がすでにこの宇宙のどこかに存在しているのかどうかを、そこで見ていくことにしよう。

この地球で、あるいは地球を遠く離れたところで、私たちの子孫に何が起こるかは、私たちが現在かろうじて想像できるテクノロジーしだいで決まる。今後数世紀のあいだに（それでも宇宙的視野で見れば一瞬だが）、私たちの創造的な知能は、地球に根づいた種から宇宙空間を飛びまわる種へ、生物学的な知能から電子的な知能への移行に弾みをつけられるかもしれない。それはすなわち、何十億年にもわたるポスト人類（ヒューマン）の進化の発端となりうる移行だ。しかし一方、第1章と第2章で論じるように、人類はそうした潜在的可能性をすべて台無しにする大惨事を、バイオ面やサイバー面や環境面で引き起こすことになるのかもしれない。

第4章では、本題から少々の（手前勝手かもしれないが）脱線をして、物理的現実の範囲について、および現実世界の複雑さを人間がどれだけ理解できるかに固有の限度があるのかどうかについて問うような――基本的で哲学的な――科学テーマに切り込んでみる。何が確かで、何が単なるサイエンスフィクションなのかを正しく評価するのは大切なことだ。さもないと、人類の長期的な展望に科学が及ぼす影響を見通せなくなる。

最後の章では、もっと今現在に即した問題を取り上げよう。最も望ましいかたちで適用されるなら、科学は二〇五〇年の地球に住んでいる九〇億、ないしは一〇〇億の人々に明るい未来を提示することができる。だが、逆のディストピア的な可能性を排しつつ、そのような平穏な未来を実現する見込みを最大限に高めるにはどうしたらいいのだろう。私たちの文明は、科学の進歩と、その結果として深まった自然への理解から生じた数々のイノベーションによって形成されている。科学者は今後もさらに広範に大衆と関わって、人々の専門知識を有益に活用していく必要がある。この先、賭けられるものがとてつもなく大きくなる時代にあってはなおのことだ。そして最後に、今日の世界的な課題を取り上げて、それらに対処するには新しい国際的な機関が必要なのかもしれないと強調したい。正しく方向づけられた科学によって情報と権限を与えられつつ、政治と倫理に関する市井の人々の意見にも耳を傾けられる、そんな組織が必要なのではないだろうか。

私たちの地球――宇宙の中にあるこの「青白い小さな点（ペイル・ブルー・ドット）」は、特別な場所だ。唯一無二の場所であるかもしれない。そして私たちは、とりわけ重大な時代にその世話係を任されている。それが人類全員にとっての重要なメッセージであり、ひいてはこの本のテーマである。

第1章　人新世の真っ只中で

1・1　危険と展望

数年前、さる有名なインドの大実業家にお会いしたことがある。イギリスの「王室天文官」という私の肩書きに対して、彼はこう聞いてきた。「女王陛下の星占いでもしているのですかな?」 私はすました顔で、「陛下がそれをご所望なら、それに応えるのが私の仕事ですね」と答えた。相手は私の予言を聞いてみたくてたまらないような顔をしていた。そこで私は、続けて言った。株の値動きが激しくなりそうです、それから中東で新たな緊張も生じるでしょう、それからそれから……。彼はすっかり私の「洞察」に聞き惚（ほ）れている。だが、ここで私は白状した。いやいや、私はただの天文学者（アストロノマー）です、占星術師（アストロロジャー）ではありませんよ。彼は一転、私の予言に完全に興味をなくした。まあそうだろうし、それでいい。科学者の先行き予想なんてまったく当てにならない——お粗末さ加減ではエコノミストといい勝負だろう。たとえば一九五〇年代、当時の王室天文官は、宇宙旅行のことを「まったくの戯言（ざれごと）」と言っていたのだ。

政治家にしても法律家にしても、この未来予測という方面については心もとない。一例として、ちょっと意外な未来予想家の名前を挙げよう。チャーチルの親友にして、一九二〇年代にイギリスの大法官を務めていた、バーケンヘッド伯F・E・スミスだ。彼の一九三〇年の著作に『二〇三〇年の世界』という本がある。[★1] スミスは当時の未来学者たちの著作を読んでいたらしく、この本の中には、フラスコで培養される赤ん坊や、空飛ぶ自動車といった、さまざまな想像の産物が出てくる。対照的に、彼が予見する社会は、進歩するどころか停滞していた。ひとつ引用する。「二〇三〇年においても、女性はあいかわらず、その機知と魅力をもってして最も有能な男性をおのれが決して到達できない高みへと押し上げているだろう」

なるほど、あとは推して知るべし！

＊

古い話になるが、二〇〇三年、私は『われわれの最後の世紀？（*Our Final Century?*）』と題した本を書いた〔邦訳版の題名は『今世紀で人類は終わる？』〕。この本を出したイギリスの出版社は、題名から疑問符を外した。アメリカの出版社は題名を変えて、『われわれの最後の時間（*Our Final Hour*）』とした。[★2] この本のテーマは、次のようなものだった。われわれの地球が生まれてから四五億年――四五〇〇万世紀――になる。だが、あるひとつの種――われわれ人類――がこの惑星の生物圏の運命を左右できるようになったのは、今世紀が初めてのことだ。私は人類が自らを一掃してしまうだろうとは思わない。しかし人類がよほど幸運でないかぎり、圧倒的な破壊は避けられないだろうと思う。それはひとえに、生態系にかけられる支えきれないほどの負荷のせいだ。人間はどんどん増えており（世界人口はずっと右肩上がりだ）、その人間がよってたかってますます資源を求めている。加えて――さらに恐ろしいことに――テクノロジーの助けによって人間にできることがさらに増えたおかげで、人間はこれまでにない脆弱（ぜいじゃく）さに直面することになったのだ。

私がこうした考えにいたったのには多くの人の影響があるが、二〇世紀初めのとある偉大な賢人の言葉には、とくに考えさせられた。一九〇二年、壮年期のH・G・ウェルズは、ロンドンの王立研究所で世に知られる講演をした。[★3]「人類は」と彼は力強く語った。

それなりに進歩してきました。その進んできた距離を振り返ると、これから私たちがたどるべき道が多少なりとも見えてきます。……これまでのことはすべて始まりの始まりにすぎない、現在と過去はすべて黎明（れいめい）の黄昏（たそがれ）でしかない、と考えて何がおかしいでしょう。人間の頭脳がこれまでなしとげてきたことはすべて覚醒前のひとときの夢にすぎなかった、と考えてもおかしくはありません。私たち人類という系統から派生した、別の知的な生命体が出現するかもしれない。それは私たちのようなちっぽけな存在よりもずっと先にいて、私たち人間のことを私たち自身よりよほどよく知っている。そんな日が、いつか来るでしょう。果てしなく日々を重ねていくうちに、ある日、今は私たちの脳内に潜んでいるだけの存在、私たちの胎内に隠れているだけの存在が、踏み台に足をかけて立ち上がるようにこの地球にすっくと立ち、笑い声をあげながら、その両手を星々のあいだに伸ばすことでしょう。

この大仰な言葉で語られている内容は、一〇〇年以上を経た今日にもなお通用する。ウェルズはわかっていたのだ――私たち人類が生まれいずる生命体の頂点ではないのだということを。

とはいえ、ウェルズは楽天家ではなかった。彼は地球規模の災厄のリスクについても強調している。

ある種の事柄が人類の物語を完膚なきまでに破壊し、消滅させ……私たちの努力をすべて無にすることが決してないと、誰に言いきれるでしょう……たとえばそれは宇宙空間からの飛来物であるかもしれないし、あるいは凶悪な疫病、大気の大異変、尾を引く彗星による害毒、地球内部から噴き出す蒸気のひどい発散、人間を餌とする新種の動物、あるいはなんらかの薬物や、人間の思考の内にある破壊的な狂気であるかもしれません。

ここで私がウェルズを引用したのは、これらの文章に表れている楽観と不安――および憶測と科学――の同居こそ、私が本書で伝えようとしているものだからだ。もしウェルズが今の時代にこれを書いていたのだったら、かつてより広大になっている昨今の生命観、宇宙観に歓喜していただろうが、昨今の迫り来る危険についてはもっと不安になっていただろう。実際、事態はますます大勝負の賭けになっている。新しい科学によって開ける機会はとてつもなく多大にあるが、下手をすると、それによって人類の生存が危うくもなりかねない。科学の「爆走」のペースが速すぎて政治家も一般市民もついていけず、うまく利用することも対処することもできないのではないかと、多くの人が不安に感じているのだ。

*

私が天文学者であることから、小惑星の衝突が気になって夜も眠れないのでは、と思いやってくれる人もいるだろうか。しかし心配は無用だ。実際、小惑星の衝突は私たちが定量化できる数少ない脅威のひとつで、まず起こりそうにないと自信を持って言えることのひとつでもある。一〇〇〇万年に一回かそこらの確率で、いずれ直径数キロメートルの天体が地球にぶちあたり、世界規模の大災害をもたらすだろう――ということは、人間の一生のあいだにそのような衝突が起こる見込みは一〇〇万分の一とか二とかである。もっと小さな小惑星なら、もっと数は多く、その程度のものでも地球に落ちてくれば大なり小なり局所的な壊滅が起こる。一九〇八年のツングースカ大爆発では、シベリアの森林（幸いにして無人のところ）が数十キロメートル四方にわたってなぎ倒された。このとき放出されたエネルギーは、広島に落とされた原爆の数百倍に相当する。

　そのような天体の不時着を前もって警告することはできるのだろうか。大丈夫、可能だ。各種の計画が進行中で、地球と交差する可能性のある直径五〇メートル以上の小惑星一〇〇万個のデータセットが構築されつつあり、それらの軌道を正確に追跡すれば、危険なほど接近してくるかもしれない天体を確実に特定できるようになる。衝突をあらかじめ警告できれば、最も被害を受けそうな一帯から住民を避難させることができる。さらに嬉しい朗報は、私たちを守ってくれる宇宙船の開発にだいぶ実現のめどがついてきたことだ。この宇宙船が、危惧される衝突の数年前に宇宙空間でその情報を受け取って、小惑星をちょっと一押し（ナッジ）し、その進行速度を毎秒数センチメートルほど変えてやれば、それだけで小惑星は地球との衝突コースから外れていく。

　発生確率に結果的損失を掛けあわせる普通の方法で保険料を計算してみれば、小惑星衝突のリスクを減らすのに年間数億ドルを費やす価値があることがわかるだろう。

一方、別種の自然の脅威——地震と火山噴火——はもっと予測がつきにくい。今のところ、これらを確実に阻止できる方法はない（高い信頼性で予測できる方法さえない）。それでも、これらの問題についてひとつ安心できるのは、小惑星の場合と同様に、その発生率が高まったりはしていないことだ。地震も噴火も、発生率はネアンデルタール人がいたころから——もっと言えば恐竜がいたころから——まったく変わっていない。ただし、発生した場合に生じる結果的損失は、危険にさらされるインフラの脆弱性と価値に応じて変わり、それが今日の都市化された世界ではるかに高まっている。加えて、いにしえのネアンデルタール人が気づいていなかったであろう宇宙現象もある（その意味では、一九世紀より前の全人類にしても同様だが）。すなわち太陽からの巨大なフレアだ。大規模な太陽フレアは磁気嵐を引き起こす。その影響で、世界中の送電網と電子通信が断絶することもありうる。

こうした自然の脅威もさることながら、私たちが最も憂慮するべきは、私たち人間が自ら生じさせている種類の危険だ。現在、私たちの前にはこの種の危険がかつてなく大きく立ちはだかっており、それが実際に起こりそうな見込みも、そして起こった場合の被害の凄惨さも、一〇年ごとに大きくなっている。

すでに一度、それを運よく逃れられた経験もある。

1・2　核の脅威

冷戦時代、すなわち軍備規模がむやみにエスカレートしていたころ、超大国は下手をすると混乱と誤算のすえにハルマゲドンに突っ込んでいてもおかしくなった。それは「放射能退避壕（フォールアウトシェルター）」の時代だった。キューバ危機のときには私も学生仲間とともに徹夜での座り込みやデモに参加したものだ。私たちの気分を上げてくれるものといえば、トム・レーラーの歌のような「プロテストソング」ぐらいしかなかった――「ゆくときはみんないっしょさ、みんなで白熱光に包まれるんだ」。だが、そのとき私たちがどれほど破滅に近づいていたかを本当にわかっていたなら、とてもその程度の恐れでは済まなかっただろう。のちの話では、当時のアメリカ大統領ケネディが核戦争勃発の見込み率を「三分の一かそれ以上」と言っていたということだ。さらに当時の国防長官ロバート・マクナマラも、引退してからずいぶん経って、初めて率直にこう語った。「われわれは気づかぬうちに核戦争の寸前まで来ていた。回避できたのはわれわれの功績ではない――フルシチョフとケネディは賢明だったが、それと同じぐらい幸運だった」

この最高に緊迫した事態のひとつについて、現在ではもっと詳しいことがわかっている。ソ連の海軍士官として高い評価を受け、多くの勲章を叙されたヴァシーリイ・アルヒーポフは、その当時、核ミサイルを積んだ潜水艦の副艦長を務めていた。潜水艦がアメリカから爆雷攻撃されたとき、艦長は米ソが開戦したものと判断して、乗員にミサイルの発射を命じようとした。規定上、発射には乗艦している上位三名の士官の承認が必要だった。アルヒーポフ副艦長は、これに頑として抵抗した――その結果として、破滅的なまでにエスカレートしていたかもしれない核攻撃の応酬の始まりが防がれることとなった。

キューバ危機後の評価にしたがえば、冷戦中の熱核破壊の年間リスクは、小惑星衝突による平均死亡率の約一万倍にも達していた。そして実際、大惨事が間一髪で防がれた「ニアミス」はほかにもあった。一九八三年、ソ連防空軍士官のスタニスラフ・ペトロフがスクリーンを監視していると、アメリカがソ連に向けて大陸間弾道ミサイル「ミニットマン」五発を発射したことを示す「警報」が出た。そうした場合にすべきこととしてペトロフが命じられていたのは、上官に警報を伝えることだった（それによって即座に上官が報復核攻撃の動きに入れる）。しかしペトロフは直感的に、自分がスクリーンに見たものを無視することに決めた。開発初期の警報システムの誤動作ではないかと判断したからだ。そして事実、そのとおりだった。雲の頂から差し込んだ太陽光線の反射がミサイル発射と誤認されていたのである。

核抑止力は機能していた、と力説する人はたくさんいる。たしかにある意味ではそうだった。しかし、だからといって、それが賢明な方針だったとは限らない。六連発のピストルに一発か二発の弾を込めてロシアンルーレットをやった場合、生き残る可能性はそうでない可能性よりも高いだろう。しかし、よほど賭け金を高くしないかぎり——もしくは自分の命の価値をよほど低く見積もっていないかぎり——それはとうてい賢明なギャンブルとは言えない。冷戦中、私たちはずっとそんなギャンブルにつきあわされていた。私たちに突きつけていたリスクを米ソ以外の指導者たちがどの程度のものと考えていたのか聞いてみたいものだし、もし市井のヨーロッパ人があらかじめ条件を伝えられていたとして、どれだけのオッズなら賭けに乗っていたかも知りたいところだ。私なら、何億もの人間が死んで、ヨーロッパ中の都市の歴史的建造物があまねく粉砕されるような大惨事になるかもしれないとすれば、その確率が三分の一でも——いやいや六分の一でも——選ばない。たとえ断れば西欧がソ連の支配下に入ることが確実だったとしてもだ。そしてもちろん、熱核戦争の破壊的な影響は直接の脅威にさらされた国々だけでなく、はるかに広い範囲まで及ぶ。その最悪のシナリオが、いわゆる「核の冬」——核戦争後の環境変動による地球規模の寒冷化——だ。

核による絶滅の恐れはいまだ消え去っていない。唯一の慰めは、超大国間の軍縮努力のおかげで核兵器保有数が冷戦時の約五分の一——ロシアとアメリカの保有がそれぞれ約七〇〇〇基——にまで減り、「一触即発」の警戒態勢に入る回数も少なくなったことである。とはいえ、現在では核を保有しているのが九か国となり、小規模な核兵器備蓄が局所的に使われたり、ともするとテロリストによって悪用されたりする可能性がかつてなく高まっている。また、いずれ今世紀のうちに、地政学的な再編成が新しい超大国同士のにらみあいを引き起こす可能性もないとは言えない。今後の世代はまた新たな「キューバ」に直面するかもしれない――そしてそのときの対処が一九六二年の危機のときほどうまくいかない（あるいは幸運でない）ことだってありうるだろう。存亡に関わりかねない核の脅威は、現在ちょっと休止状態にあるだけなのだ。

第2章では、二一世紀の科学――バイオ、サイバー、AI――について、それらを前触れとしてどんな問題が起こりうるかを考えていく。これらの科学を誤って用いれば、迫り来る危険はいっそう大きくなる。バイオ攻撃やサイバー攻撃の場合、その技術や専門知識は市井の何百万もの人間が持てるものであり、核兵器の場合のように専用の大規模施設を必要とすることもない。「スタックスネット」（イランの核兵器開発で使われていた遠心分離機を破壊したコンピューターワーム）に代表されるサイバー破壊工作や、たびかさなる金融機関のハッキングは、これらの懸念をすでに政治課題の範疇（はんちゅう）に押し上げている。アメリカ国防総省科学委員会の報告によれば、サイバー攻撃の効果は（たとえばアメリカの電力供給網がずたずたにされたりすれば）核による報復を正当化できるほどの大惨事をもたらしうるという。★4

ともあれ、まずはその前に人為的な環境悪化によって起こりうる荒廃と、同じぐらい危険な気候変動の可能性に目を向けてみよう。相互連結したこれらの脅威は、気づかぬうちにじわじわと浸食の度合いを深めてくる。もとはといえば、これは人類がひたすら刻みつけてきた集合的な「足跡」

から生じているのだ。未来の世代がそこをもっと優しく踏まないかぎり（あるいは人口水準が下がらないかぎり）、この有限の惑星の生態系は、いずれ限度を超えた負荷をかけられて持続不可能となるだろう。

1・3　脅かされる生態系と臨界点

五〇年前、世界の人口は約三五億人だった。現在では、およそ七六億人と推定されている。しかし増加のペースは以前ほど速くない。実際、全世界で見て年間出生数がピークに達したのは数年前で、今では減少に転じている。にもかかわらず、世界人口はまだまだ増えると予測され、二〇五〇年までには九〇億人前後、あるいはそれ以上になると見積もられる。[★5] これは発展途上国の大半の人がまだ若く、子供を持っていないためであり、加えて、これらの人々の寿命が延びることも見込まれるからだ。発展途上世界の年齢ヒストグラム〔柱状グラフ〕は、今後ますますヨーロッパのそれに似てくるだろう。現在、最も成長しているのは東アジア諸国で、いずれ全世界の人的資源と金融資源がここに集中してくる――四世紀にわたった北大西洋の覇権がついに終わりを迎えるのだ。

人口統計学者の予測によると、都市化は今後も進み、二〇五〇年までには全人口の七〇パーセントが都市に住むようになるという。ナイジェリアのラゴス、ブラジルのサンパウロ、インドのデリーなどは、早くも二〇三〇年までに人口が三〇〇〇万を超すと見込まれる。そうしたメガシティを不穏なディストピアにしないようにすることが、これからの統治の大きな課題になるだろう。

現在のところ、人口成長についての議論が十分に尽くされているとは言いがたい。理由のひとつは、大量飢餓というこの世の終わりのような予言——ポール・エーリックが一九六八年に著した『人口爆弾』や、民間研究団体「ローマクラブ」の公式見解で言われていたようなこと——が、結局は外れだったからかもしれない。また、人口成長という問題には触れないほうがいいと見られている面もある。一九二〇年代や三〇年代の優生学、インディラ・ガンディーのもとでのインドの政策、もっと最近では中国の強硬な一人っ子政策との結びつきが、この問題にどうしても影を落としているからだ。ともあれ、食料生産と資源採取が人口増加に後れをとらずに進んできたのは確かである。飢饉(ききん)は今でも起こっているが、それはおもに紛争や不均衡分配が原因であって、全面的な欠乏のせいではない。★6

二〇五〇年以降の人間の生活様式、食生活、移動パターン、エネルギー需要がどうなっているかを確実に想定することはできないから、世界の「最適人口」なんてものも特定はできない。現時点でも、もし世界中の人間が放蕩(ほうとう)三昧のことをして、それこそ今日の裕福なアメリカ人のような——エネルギーを使い放題、牛肉を食べ放題の——暮らしをしていたら、世界はとうてい今のような人口を支えきれていなかっただろう。逆に、もし誰もかれもがヴィーガン食を採用して、ほとんど旅行もせず、小さな集合住宅に詰め込まれて暮らし、スーパーインターネットとバーチャルリアリティを介して交流していたとしたら、今ごろ二〇〇億人がそれなりに許容可能な（苦行のようではあるが）生活の質を保って持続的に暮らせていたはずだ。この後者のような生活は、単純にありそうもないシナリオであり、もちろん惹（ひ）かれるシナリオでもない。しかし、この両極端の暮らしの乖離（かいり）を考えれば、なんの条件もつけない名目だけの数字を世界の「積載可能量」として挙げるのがいかにおめでたいことかわかるだろう。

人口九〇億の世界。これが二〇五〇年には訪れる（むしろ数はもっと増えているかもしれない）と見込まれるわけだが、それ自体は、必ずしも決定的な破滅を意味するものではない。現代の農業なら——耕起や給水の必要が少ない作物に、遺伝子組み換え作物を組み合わせ、工学的技術を発展させて廃棄物を減らしたり灌漑（かんがい）設備を向上させたりすることで——きっとその数を支えられるだけの食料供給を可能にするだろう。バズワードは「持続可能な集約化」だ。しかしながら、エネルギーには制約がある。加えて一部の地域では、給水にも深刻な制限がかかるだろう。出されている数字を見ればくらくらする。一キログラムの小麦を栽培するのに必要な水は一五〇〇リットル、必要なエネルギーは数メガジュールだ。しかし一キログラムの牛肉を得るのには、その一〇倍の水と、二〇倍のエネルギーが必要になる。食料生産には全世界のエネルギー産出量の三〇パーセント、取水量の七〇パーセントが費やされているのである。

遺伝子組み換え生物を利用した農業技術は、使い方しだいで役に立つ。たとえば世界保健機関（WHO）によると、発展途上世界の五歳未満の幼児の四〇パーセントはビタミンA欠乏症に罹患（りかん）しているという。この疾患は小児失明の世界的な主原因であり、年間数十万人の幼児を発症させている。いわゆるゴールデンライスは、一九九〇年代に初めて開発され、その後改良されていった遺伝子組み換え作物だが、このコメに含まれたベータカロチンが体内でビタミンAに転換されることにより、ビタミンA欠乏症の緩和につながる。しかし残念ながら、グリーンピースを筆頭とする運動団体の反対によってゴールデンライスの栽培は進まずにいる。もちろん「自然に手を加える」ことへの懸念はあるが、この問題に関しては、新しい技術が「持続可能な集約化」を後押しできていたのではないだろうか。さらに言えば、イネのゲノムをもっと思いきって改変することで（いわゆるC4回路の導入）、光合成の効率が上がり、それによって世界第一位の主要作物がより早く、より集約的に栽培できるようになるという望みもある。

　そのほかに考えられる食のイノベーションとして、さほど技術的に難しくなさそうな方法が二つある。昆虫――栄養価が高く、タンパク質を多く含んだ動物――を人間の口に合う食べ物にすることと、植物性タンパク質から人工肉を作ることだ。後者に関しては、すでに二〇一五年から、インポッシブル・フーズというカリフォルニアの会社が「ビーフ」バーガー（主成分はコムギとココナッツとジャガイモ）を売り出している。とはいえ、ビートルートジュースを血液の粗悪な代用品と思っている肉食のグルメをこれらのバーガーが満足させられるのは、まだしばらく先のことになるだろう。それでも生化学者は目下奮闘中で、さらに最先端の技法を模索している。原理的に、肉を「栽培」することは可能だ。動物から細胞を何個か採取して、適当な栄養素で成長を促進してやればよい。あるいは非細胞農業という手法もある。遺伝子組み換えをした細菌や酵母菌や真菌や藻類を使って、牛乳や卵などに含まれるのと同様のタンパク質や脂肪を生成するのである。それなりにおいしい肉の代用品を開発することは、生態学的に急務の課題であると同時に、金銭的にも明らかに魅力のあることだから、この分野が急速に発展するのはほぼ確実だと考えていいだろう。

こと技術面に関しては、食の問題はもちろん、健康や教育の問題についても楽観的に考えることができる。しかし政治面に関しては、どうしても悲観的にならざるを得ない。十分な栄養、初等教育、その他もろもろの基本項目を提供することによって世界の最も貧しい人々の暮らしをよりよくすることは、すぐにでも達成できるゴールだ。しかし、それを妨げているのが、おもに政治的な要因である。

イノベーションの恩恵を全世界にあまねく行き渡らせようとするなら、私たち全員の生活様式が変化するのは必至だろう。ただし、それは必ずしも忍耐が求められるという意味ではない。それどころか二〇五〇年には、今日の西洋人が享受しているのと少なくとも同じぐらいの潤沢な生活の質を、世界中の人が得られていることだってありうる——テクノロジーが首尾よく発展し、賢く配置されているならば。かつてガンディーは言った。「すべての人の必要を満たすには十分でも、すべての人の強欲を満たすには十分でない」。彼のこの信念は、必ずしも禁欲を呼びかけるものではない。むしろ、天然資源と自然エネルギーの節約につながるイノベーションを介して、経済成長を促そうと呼びかけるものだ。

「持続可能な開発」という言葉が世に広まったのは一九八七年、ノルウェー首相のグロ・ハーレム・ブルントラントを委員長とする「環境と開発に関する世界委員会」が、これを「将来の世代がその時点での必要を満たせなくなるようにならない範囲で、現在の——とくに貧困層の——必要を満たせるようにする開発」と定義してからのことだ。[★7] この目標に達するための「署名」を拒む人はいないだろう。今日の世界の恵まれた社会が享受している生活様式と、それ以外の社会が甘受している生活様式との差が、二〇五〇年までには埋まっていることを誰もが望むはずである。しかし欧州と北米がたどってきた産業化への道を発展途上国がそっくりそのままたどるなら、この未来は実現しない。今日の発展途上国は、もっと効率的で無駄のない生活様式に一足飛びに移行する必要がある。ここでめざすべきは、反テクノロジーではない。逆にテクノロジーをもっと活用することが必要である。ただし、それは適切に方向づけられたテクノロジーでなくてはならない。そうして初めて、必要とされるイノベーションをテクノロジーが下支えすることができるのだ。そして先進国も、同様にこの種の移行を果たさなくてはならない。

今では情報技術（IT）とソーシャルメディアが全世界に浸透している。アフリカの片田舎の農民が市場情報にアクセスできる現在、もはや彼らは黙って商人に搾取されてはいないし、自ら電子的に資金を移動することもできる。しかし、そうしたテクノロジーがあるということは、世界の貧困地域に住む人々が何を奪われているかを自覚できるということでもある。もしそこで、貧富の格差があまりにも大きく、あまりにも不当だと感じられたなら、怒りや恨みも募るだろうし、大量移住や紛争の動機だって生まれるだろう。したがって、世界をもっと平等にするべく働きかけることは恵まれた国にとって道徳的な責務であるだけでなく、自己の利益の問題でもある。直接的な財政援助をする（および、現在の搾取的な原料採取をやめる）ほかに、行き場のない難民を抱えた国のインフラや製造業に投資するという方法もあるだろう。こうした働きかけひとつで、寄る辺ない人々が職を得るために移住しなければならない切迫性が薄まっていく。

しかし概して長期的な目標は、政治課題からこぼれおちやすい。直近の問題がつぎつぎ割り込んでくるから、というのはともかくとして、次回の選挙が大事だからという理由もある。欧州委員会委員長のジャン＝クロード・ユンケルが言ったように、「みな、やるべきことはわかっている。ただ、それをやったあとにどうしたら再選してもらえるかがわからないのだ」★8。ユンケルの発言は金融危機に関してだったが、この台詞がいっそうふさわしいのは環境問題に関してである（ついでに言えば、国連の「持続可能な開発目標」の実現も、残念ながら遅々として進んでいない）。

できるはずのことと実際になされることのあいだには、悲しいほどの落差がある。援助を申し入れるにしても、ただ援助するだけでは十分でない。援助の恩恵を発展途上世界に浸透させようと思うなら、安定性、良好な統治、有効なインフラが不可欠だ。アフリカに携帯電話を普及させたスーダンの大実業家モ・イブラヒムは、二〇〇七年、アフリカの腐敗していない模範的な国家統治者を報奨するための賞を設立した。賞金は一〇年間で五〇〇万ドル（加えて、その後も一年につき二〇万ドル）。この「アフリカ人指導者の業績を称えるためのイブラヒム賞」は、これまでに五人の受賞者を選出している。

内容しだいでは、国家レベルへの働きかけが最善でないこともある。多国間協力が必要な場合ももちろんあるが、有効な改革は往々にして、もっと局所的な実施を必要とする。そうしたかたちで新たな知見を得た都市は、全体の先駆者になれるチャンスが多分にある。発展途上世界のメガシティでは新しいことを始めようにもなかなかうまくいかないが、いずれそこでもハイテクイノベーションは必要になる。そのための陣頭指揮をとれるのが、一足先に啓発された都市なのである。

短期的な成果ばかりに目を向けがちなのは選挙政治だけの特徴ではない。民間の投資家にしても、とくに長期的な視点を持っているわけではない。不動産開発業者は三〇年（かそこら）以内に元金回収の見込みがないかぎり、新しいオフィスビルを建てようとは思わないだろう。実際、都市部のほとんどの高層ビルの「設計寿命」は、たったの五〇年である（街の地平線を好き勝手にしているビル群を嘆かわしく思う人にとっては慰めだが）。それより先の未来に生じてきそうなプラス面やマイナス面については、ほとんど置き去りにされたままだ。

では、もっと遠い未来についてはどうだろう。二〇五〇年よりも先となると、人口傾向はさらに予測がつきにくい。これは現在の若い人たちと、まだ生まれていない人たちが、どれだけの間隔でどれだけの数の子供を生むかによって決まる。今日において最も出生率が高いところでも、教育水準が上がり、女性の社会的地位が向上すれば――それ自体は確実になされるべきだが――出生率は下がるのではないだろうか。ともあれ、この人口転換はまだインドの一部とサハラ以南のアフリカには及んでいない。

女性一人当たりの平均出生数は、アフリカの一部の地域――たとえばニジェールや、エチオピアの地方部など――では今でも七人以上だ。出生率はいずれ下がるだろうが、それでも国連によると、アフリカの人口は二〇五〇年から二一〇〇年のあいだにふたたび倍増する可能性があるという。そうなれば全世界の人口は一一〇億に上昇する。ニジェールだけでも欧州と北米を合わせたのと同じぐらいの人口になり、全世界の子供のほぼ半数がアフリカに住んでいることになる。

たしかに楽観主義者が言うように、口が一つ増えるごとに、それに応じて手も二つずつ、脳も一つずつ増えていく。とはいえ人口が増えれば増えるほど、やはり資源はそれにしたがって逼迫（ひっぱく）する。

とくに発展途上世界の一人当たりの消費量が先進世界の水準に近づいていけば、資源はますます不足するだろう。そしてアフリカが「貧困の罠」から抜け出すのもますます難しくなる。実際、アフリカの文化的傾向からして、たとえ小児死亡率が低くなっても、選択の問題として、大家族はあえて維持されるのではないかとも指摘されている。その場合、基本的人権のひとつとして国連が宣言している家族規模の選択の自由も、世界人口の増大がもたらす「負の外部性」と天秤にかけられれば危うくなってしまうかもしれない。

いずれにしても、二〇五〇年以降には世界人口が増加に向かうのではなく、減少に向かうことを祈るしかない。さもないと、たとえ地球が九〇億人を（良好な統治と効率的なアグリビジネスによって）養えるとしても、また、消費財が（たとえば3Dプリンティングなどの技術を使って）もっと安価に生産できるようになり、「クリーンエネルギー」が十分に作られるようになったとしても、人口過密と緑地減少によって食の自由には制限がかかり、生活の質は落ちることになってしまうだろう。

1・4 地球の限界の内側で

私たちは現在、「人新世」の真っ只中にいる。これはオランダ人化学者のパウル・クルッツェンによって世に広まった言葉だ。クルッツェンは、上層大気中のオゾンがフロン（正式にはクロロフルオロカーボン）によって破壊されていることを明らかにした科学者のひとりである。フロンというのは当時のスプレー缶や冷蔵庫などに使われていた化学物質で、一九八七年のモントリオール議定書の採択以降、そうしたフロン類は徐々に規制されるようになった。この合意は未来に向けての心強い先例になったかと思われたが、これがうまくいったのは、多大な経済的コストをかけずに普及させられるフロンの代替品が存在していたからにほかならなかった。残念ながら、人口の増大にともなって生じる人為的な地球規模の変化はこれ以外にも（もっと重要なものが）多々あり、食料やエネルギーや各種の資源に関連する、もっと厳しいそれらの変化に対処するのは容易ではない。どの問題も、広く議論されてはいる。しかしあいにく、なかなかことが進まない。政治家にとっては直近の問題のほうが先々の問題よりも、担当区域の問題のほうが地球全体の問題よりもどうしても大事になってしまうのだ。国家は国連傘下の既存の機関や、それに類する新しい組織にもっと主権を譲るべきなのかどうか、私たちは今一度問い直してみる必要がある。

人口増加と気候変動の圧力は、生物の多様性を失わせかねない。食料生産やバイオ燃料のために必要な土地がますます増えて、自然林をじわじわ侵食していけば、この危険はさらに高まる。気候変動と土地利用の改変があいまって、いずれ「臨界点」を誘発したら、この二つはさらに悪化の一途をたどり、二度ともとに戻れないかもしれない甚大な変化を暴走させる。人類が集合的に与える自然への影響があまりにも行き過ぎて、スウェーデンの環境学者ヨハン・ロックストロームが言うところの「プラネタリー・バウンダリー（地球の限界）」を本格的に脅かしはじめたら[★9]、その結果として生じる「生態学的ショック」が地球の生物圏を不可逆的に痩せ細らせてしまうだろう。

それの何が大問題なのか。もし魚の個体数が減っていって絶滅にいたれば、私たちにとっては痛いことだ。雨林には人間にとって医療目的で役に立つかもしれない植物がある。しかしそうした実利的な問題とは別に、多様な生物圏には精神的な重要性もある。かの有名な生態学者、E・O・ウィルソンの言葉を借りれば、

環境主義的な世界観の根底にあるのは、人間の身体的、精神的な健康が、この地球によって支えられているという確信である。……自然の生態系――森林、珊瑚礁、青海原――があるからこそ、私たちがずっとこうであってほしいと思う世界の姿が、その姿のままに維持されている。私たちの体、私たちの心は、ほかならぬ地球という特別の環境の中で生きるように進化したのである。[★10]

絶滅のペースは速まっている――私たちは生命の書を読む前から破壊しているのだ。たとえば「カリスマ的」な哺乳類の個体数はしだいに減ってきており、なかには種の存続が危ういほどにま

で少なくなっているものもある。アカガエル、ヒキガエル、サンショウウオの六〇〇〇もの種は、ことに微妙だ。ふたたびE・O・ウィルソンを引用すれば、「もし人間の行動によって大量絶滅が起こるようなら、それは未来の世代からまず許してもらえないような罪である」

ちなみに、強い宗教的な信念は私たちの味方になりうる。私はローマ教皇庁科学アカデミーの会員だ（これはキリスト教団体のひとつだが、七〇名の会員の信仰する宗教は千差万別で、無宗教者もいる）。二〇一四年、ケンブリッジ大学の経済学者パーサ・ダスグプタは、カリフォルニア州のスクリプス研究所の気候科学者ラム・ラマナサンとともに、バチカンで持続可能性と気候に関する高水準の会議を主催した。★11 これがちょうどよいタイミングで科学的な後押しとなり、二〇一五年のローマ教皇の回勅「ラウダート・シ」につながった。カトリック教会は政治的な分断を超越するものであり、教会は必ずや全世界に手を差し伸べ、未来永劫（えいごう）、長期的な視点を持ち、世界中の貧しい人々に目を向けよう――。教皇は国連でスタンディングオベーションを受けた。かのメッセージは、ラテンアメリカとアフリカと東アジアでとくに大きな反響を呼んだ。

この回勅は、カトリックが「神の被造物」と信じるすべてのものを大事にするのが人間の義務であるというフランシスコ会の考え方に、教皇からの明らかな是認を与えるものでもあった。つまり、自然界は人間に恩恵をもたらしてくれるからというだけでなく、その存在そのものが本質的に価値を持つということだ。この考え方は、進化を自然選択の概念で捉えたもうひとりの人物、アルフレッド・ラッセル・ウォレスが一〇〇年以上前に美しい言葉で表現した見解とも共鳴する。

私はこの小さな生きものが世代をかさねて歩んできた過去の長い時間に思いをはせた……その愛らしさを知的な目で見つめられることもなく……どう見たって、きまぐれな美の浪費ではないか。……このように考えたとき、すべての生きとし生けるものは人間のために作られたので、はない、と知るべきである。……生きものたちの幸せと喜び、愛と憎しみ、生存闘争、いきいきとした生命と早すぎる死、これらが直接にかかわっているのは彼ら自身の幸福と永続だけであり……[12]〔『マレー諸島』(下)、新妻昭夫訳、ちくま学芸文庫、一九九三年〕。

教皇の回勅のおかげで、二〇一五年一二月の気候変動枠組条約締約国会議での合意(パリ協定)への道も開けやすくなった。会議では、枯渇した危うい世界を残さないようにすることが今の私たちに求められている――未来の世代への、最貧困層への、そして生命の多様性を守る務めへの――責任であると力強く宣言された。

こうした気持ちは間違いなく誰の心にもある。しかしながら、現代の世俗的な(非宗教的な)機関は――経済的なものも政治的なものも――十分に先のことを策定してはいない。これらの脅威をなんとかしなくてはいけないのだが、それは科学にとっても行政にとっても大きな難題だ。この問題については最終章であらためて検討しよう。

規制は有益ではある。しかし人々の考え方が変わらないかぎり、規制もとんとん拍子には進まない。たとえば喫煙や飲酒運転に対する欧米の姿勢は、この数十年でずいぶんと変わってきた。同じように、物質とエネルギーの明らかに過剰な消費や浪費――四輪駆動SUV（ロンドンでは、高級住宅街の道路をふさいでいるこの種の大型車が「チェルシー・トラクター」と揶揄されている）、パティオヒーター（屋外式ガスストーブ）、煌々と照らされた家、入念なプラスチック包装、移り変わりの激しいファッションをやみくもに追いかける癖――に対しても、やはり姿勢の変化が必要で、これらが格好よいのではなく「ダサい」と感じられるようにならなくてはいけない。実際、過剰な消費をやめる傾向は外からの圧力がなくても生じるかもしれない。私の世代だと、居住空間（学生ならば勉強部屋、大きくなればもう少し広い空間）を本とCDと写真で「自分流」に仕立てるのが普通だった。その本やCDにオンラインでアクセスできるようになった今、「生活の場」に対する感傷的な気分はますます薄れていくのではないだろうか。これからの人間は、もっとノマド的になるだろう――なにしろ仕事も人づきあいも、ますますオンラインで済ませられるようになるだろうから。大量消費はいずれ「シェアリングエコノミー（共有型経済）」に取って代わられるかもしれない。このシナリオが現実になれば、発展途上国は欧米がたどってきた高エネルギーと大量消費の段階を経ることなく、一足飛びにその生活様式に移行することが肝要だ。

キャンペーンを有効なものにするには印象的なロゴと組み合わせる必要がある。ＢＢＣの二〇一七年のテレビシリーズ『ブルー・プラネットⅡ』では、餌を探して南洋を何千マイルと飛んだあとに帰ってきたアホウドリの姿が映された――このアホウドリがヒナのために吐き戻したのは、必死に求めていた栄養価の高い魚ではなく、プラスチックのかけらだった。こうした映像は、プラスチックをリサイクルしようという呼びかけを世に広め、視聴者のモチベーションを高める。それをやらなければプラスチックはどんどん海中に（そして海に住む生物の食物連鎖に）たまってしまうのだ。同様に、解けかけた氷塊にしがみついているシロクマという昔からの代表的なイメージは（いささか誤解を呼ぶものではあるが）、気候変動の危機をまさしく象徴的に表している。では、今度はその気候変動を取り上げてみよう。

１・５　気候変動

今後、世界はますます過密になるだろう。そして予測はもうひとつある。世界は徐々に温暖化していくだろう。その結果として生じる世界的な気象傾向の変化により、食料供給のみならず、生物圏全体への圧迫がますますひどくなる。気候変動の問題は、科学と大衆と政治家とのあいだに働く綱引き関係のいい例だ。人口問題とは対照的に、こちらは間違いなく議論が足りていないわけではない――二〇一七年にアメリカのトランプ政権が公文書から「地球温暖化」と「気候変動」という言葉を外させたという事実はあるにせよ。にもかかわらず、気候変動の行き着く先については愕然とするほど対処がなされていない。

ある点については議論の余地もない。おもに化石燃料の燃焼のせいで、大気中の二酸化炭素濃度は上昇している。科学者のチャールズ・キーリングは、ハワイのマウナ・ロア観測所の計器を使って二酸化炭素濃度を測定した。この計測は一九五八年からずっと続いてきた（二〇〇五年にキーリングが亡くなってからは、息子のラルフがプログラムを継続させている）。そして、この濃度の上昇が「温室効果」をもたらすことに論争の余地はない。地球を温めている太陽光は赤外線放射として再放出される。しかし、温室のガラスが（光は通すが）赤外線放射を閉じ込めるのとちょうど同じように、二酸化炭素も地球の大気や陸塊や海洋に熱を閉じ込める覆いとして作用する。これは一九世紀から知られていたことだ。二酸化炭素濃度の上昇は長期的な温暖化傾向を誘発し、気候を変動させるその他もろもろの複雑な効果に重ね合わされる。

二酸化炭素濃度が二倍になって、大気のほかのあらゆる側面が変わらないと仮定すると、気温は地球全体で平均一・二度（摂氏）上昇する。これは単純な計算結果だ。しかしながら、水蒸気、雲量、海洋循環といった面での関連変化については、それほどよくわかっていない。これらのフィードバック過程の重要度はいまだ不明だ。国際的専門組織「気候変動に関する政府間パネル」（ＩＰＣＣ）が二〇一三年に発行した第五次評価報告書では、さまざまな面での予測が提示され、それによると（不確かさはあるが）いくつかは明らかなことがある。とくに重大なのは、二酸化炭素の年間排出量が今後もずっと上がっていけば極端な気候変動が誘発される危険があるということだ。そうなったら、何世紀も先まで影響する破壊的なシナリオが現実になる。たとえばグリーンランドと南極の氷が不可逆的に解けはじめ、最終的には海面が何メートルも上昇する。ここで注意しなくてはならないのは、地球全体の気温上昇の「名目的な数字」は平均値にすぎないということである。ある地域での上昇がひときわ速く、その上昇が地域的な天候パターンに劇的な変化をもたらしたなら、気温上昇の効果はいっそう破滅的になる。

気候についての議論が実を結んでいない理由は、科学と政治と商業的利益とのあいだで、あまりにも焦点がぼやけていたからだ。ＩＰＣＣの予測が意味するところを気に入らない人々は、科学のいっそうの発達を呼びかけるよりも、むしろ科学をけなしてきた。現在の政策に反対する人々が、予測を――それも地球全体の予測だけでなく、もっと重要な、個々の地域についての予測を――さらに磨いて確実にするのが責務であると認識していたら、議論はもっと建設的になっていただろう。現在、ケンブリッジとカリフォルニアの科学者たち[13]は、いわゆる「バイタルサイン」プロジェクトを推進している。気候と環境に関する膨大な量のデータを使って、地域の局所的な傾向（たとえば旱魃（かんばつ）や熱波など）のどれが平均気温の上昇と最も直接的に相関しているかを捉えようとする試みだ。これがわかれば、平均的な地球温暖化の指標よりももっと関連性が具体的で、評価のしやすいものを政治家に提供することができる。

大気中の二酸化炭素濃度の上昇ペースは、将来の人口傾向と、まだ当分は続く全世界の化石燃料依存の度合いによって決まるだろう。しかし二酸化炭素排出に関して一定のシナリオを想定しても、平均気温がどれほどの速さで上昇するかは予測できない。不確かなフィードバックによる「気候感度因子」が関わってくるためだ。ＩＰＣＣの専門家の共通見解では、これまでどおりに人口が増加し、化石燃料への依存が続いた場合、次の世紀に六度以上の温暖化が引き起こされる見込みは五パーセントということだった。二酸化炭素排出量の削減に関わる現在の支出を保険証券だと考えれば、深刻な被害は出るけれども順応できなくもないことが起こる見込みが五〇パーセントだとして、それよりずっとわずかな見込みでも、本当に破滅的な（それこそ気温六度の上昇のような）ことが起こるのを防止するのは当然の措置だと言えるだろう。

パリ協定で宣言された最終目標は、平均気温の上昇が二度を超えないようにすること、そしてもし可能なら、一・五度までに抑えることだった。危険な「臨界点」を超えてしまうリスクを減らそうとするなら、これは適切な目標だ。しかし問題は、これをどうやって達成するかである。この限度を破らずに放出できる二酸化炭素の量には二倍もの不確かさがある。これは単純に、いまだ不明の気候感度因子があるためだ。したがってゴールに達するための具体的な目標設定はどうしても中途半端になる。当然ながら化石燃料業界は、気候感度の低さを予測してくれる科学的発見をせっせと「宣伝」するようになるだろう。

こうした不確かさが——科学にも、人口予測と経済予測にも——あるにはあれど、ひとまず重要なことが二つある。

1. 今後二〇年から三〇年のあいだの地域的な天候パターンの乱れは、食料と水に対する圧力を増大させ、もっと多くの「異常気象」を引き起こし、移住を生じさせるだろう。

2. 世界が化石燃料への依存を続ける「これまでどおり」のシナリオのもとでは、今世紀後半に、本当に破滅的な温暖化が起こらないとも限らない。臨界点を迎えてグリーンランドの氷冠が解け出すといった長期的な傾向が始まる可能性もある。

だが、こうした意見を受け入れて、あと一〇〇年で天候に重大な異変が起こる危険があることを認めている人々でも、現時点での行動をどれだけ切迫した気持ちで支持するかには差があるだろう。それぞれのくだす評価は、将来の成長をどう見込んでいるか、技術的な処置に関してどれだけ楽観的でいるかによって変わる。しかし何より、これを決めるのは倫理的な問題であるだろう。すなわち、将来の世代のために自分たちの満足をどの程度まで抑えるべきかということである。

ビョルン・ロンボルグが一躍有名になったのは（そして多くの気候科学者から「小鬼（ブギーマン）」扱いされるようになったのは）、『環境危機をあおってはいけない』という本を書いたからだ。ロンボルグは経済学者たちによるコペンハーゲン・コンセンサスという集まりを主催して、地球全体の問題と政策についての提言をしている。[★14] この経済学者たちが使っているのは標準的な割引率〔対象物の将来における価値を現在の価値に換算する際に用いる率〕なので、実質的に、二〇五〇年よりあとに起こることは考慮されていない。たしかにその範囲の期間だと大惨事が起こる危険性はほとんどなく、したがって当然ながら、彼らの考えでは気候変動への対応の優先順位が下げられ、ほかの方法で世界の貧困層を助けることのほうが先決とされている。しかし、ニコラス・スターン[★15]やマーティン・ワイツマン[★16]といった経済学者なら、別の見方をするだろう。この問題にもっと低い割引率を適用すれば——そして言うなれば、生まれた日にもとづいての区別をすることなく、二二世紀やその先を生きる人々についても心配すれば——そうした未来の世代を最悪のシナリオから守るために現時点で投資をすることに価値を見いだせるのではないだろうか。

こんな例で考えてみよう。天文学者たちがある小惑星の軌跡を追尾して、二一〇〇年に地球に衝突する可能性を導いたとする。衝突は確実ではなく、計算上の確率は（たとえば）一〇パーセントだ。われわれはほっとして、とりあえず五〇年は棚上げにしておける問題だ、そのころ世界はもっと豊かになっているだろうし、結局、地球にぶつかることはないと判明するかもしれない――とでも言うだろうか？　私はそうは思わない。ただちに行動を開始して、小惑星の軌道をずらすか衝突の影響を軽減する方法を見つけるために最善を尽くそうということで話がまとまると思う。今日の幼い子供たちの大半は二一〇〇年にも生きている。その子供たちを心配するのは当然だろう。

（余談だが、本質的に割引率がゼロになるような政策背景がひとつあることを記しておきたい。放射性廃棄物処理の問題だ。フィンランドに建設されている「オンカロ」や、アメリカのユッカマウンテンに予定されていた（その後、建設が中止になった）処理施設など、廃棄物の保管場所は深い地下にあって、放射性物質が一万年、できれば一〇〇万年にわたって漏れ出ないようにすることが必要とされる。ほかのエネルギー政策については三〇年先のことでも決められないのに、なんとも皮肉な話である。）

1・6　クリーンエネルギーと「プランB」

なぜ政府は気候変動の恐れに対する反応が鈍いのだろうか。それはおもに、未来の世代（および、世界の貧しい地域に住む人々）への心配が往々にして政治課題からこぼれおちてしまうためだ。実際、二酸化炭素削減を（たとえば炭素税などによって）推進することの難しさは、どんな行動をとったとしても効果が出るのは何十年も先であり、しかもその効果が全世界に放散してしまうところにある。二〇一五年のパリ協定において、五年ごとに更新と修正を重ねることを約束した取り決めが交わされたのは有望な一歩だ。しかし会議中には注目を集めた問題も、世の中の関心が薄れてしまえば、ふたたび政治課題からこぼれおちる。要するに、政治家の受信箱や新聞雑誌にいつまでもその問題が出てこないと駄目なのである。

一九六〇年代にスタンフォード大学の心理学者ウォルター・ミシェルが行なった古典的な実験がある。彼は子供たちにある選択をさせた。一個のマシュマロを今すぐもらうか、一五分待って二個のマシュマロをもらうかである。そして彼の結論によると、満足を遅らせることを選んだ子供たちのほうが成長してから大きな幸福と成功をつかんだという[★17]。これは今日の国家が直面しているジレンマを説明するのにふさわしい比喩だ。短期的な見返り――今すぐの満足――が優先されると、未来世代の幸福が危うくされてしまうのである。インフラ政策や環境政策を立案するときは、五〇年以上先のことまで視野に入れる必要がある。未来の世代を心配するなら、不動産開発業者がオフィスビルを建てようとするときと同様の率で未来の利益（と不利益）を割り引くのは倫理的でない。そしてこの割引率は、気候問題の政策議論に欠かせない重要な因子だ。

この文明は低炭素の未来に向かって滑らかに推移できるはず、と今でも期待している人はたくさんいる。だが、あまり嬉しくない生活様式の変化をともなう緊縮アプローチを訴える政治家は、まずたいした支持を得られないだろう――とくに、その利益が何十年も先にならないと発生しないのであればなおさらだ。実際、気候変動に関しては、これを緩和しようとするよりも、これに順応しようとするほうが支持を得やすい。後者の場合はその土地で利益が発生するからだ。たとえばキューバの沿岸部はハリケーンの被害にあいやすく、海面上昇にさらされやすい。だからキューバの政府は一〇〇年先まで有効な、綿密に練られたプランを策定してきた。★18

　とはいえ、気候変動を緩和できそうで、政治的に現実味がありそうな手段も三つある。実際、これらはほぼ「ウィンウィン」の成果を挙げられるのではないかと思われる。

　第一に、どの国にとってもエネルギー効率を上げることは可能であって、それができれば実質的にお金を節約できる。ビルの設計をもっと「グリーン」なものにすることには、それを選ばせる誘因があるはずだ。これは単に断熱性を向上させればいいという問題ではなく、建築そのものにも再考が必要になる。たとえばビルを取り壊すとき、一部の資材――鋼桁（こうげた）やプラスチック配管など――はそれほど劣化していないだろうから、これを再利用にまわせばよい。さらに言えば、桁などは最初からもっと賢く設計することもできる。強度は同じで重量は軽い桁を用意しておけば、製鋼の費用が節約できるだろう。これは昨今にわかに広まっている、循環経済という概念の一例だ。その目的は、原材料をできるかぎりリサイクルすることである。★19

一般に、技術が進歩すれば器具の効率は上がる。したがって古い器具をスクラップにするのは道理にかなっていそうだが、そのためには少なくとも、効率の向上による利益が最新版製造のための追加コストを相殺できていなければならない。器具や乗り物はもっと設計からモジュール化して、組み換えが容易になるようにするといいのではないか。そうすれば全体を廃棄することなく、部品の交換だけで簡単にアップグレードができる。電気自動車も普及が進んでおり、二〇四〇年までには完全に主流になるかもしれない。この移行が果たされれば都市部の大気汚染（および騒音）が緩和される。しかしもちろん、これによる二酸化炭素濃度への効果は、バッテリーをチャージする電気をどこから持ってくるかしだいだ。

効果的な行動には、意識の変化が必要になる。長持ちするものに価値が置かれるようでなくてはならないし、生産者や小売業者には、商品の耐久性を強調してもらわなくてはならない。消費者はただ買い換えるのではなく、修理やアップグレードで対応する。さもなければ、なしで済ませる。ちょっとばかりの削減に貢献して、本人はいいことをしたような気になったとしても、それだけでは十分でない。全員が少しずつしか貢献しなければ、全体でも少ししか達成されない。

第二の「ウィンウィン」政策は、メタン、黒色炭素、フロンの排出削減に的を絞ることだ。これらの物質は、地球温暖化を招く副次的な原因である。しかし二酸化炭素と違って、これらは局所的な——たとえば中国の都市部などの——大気汚染の原因でもある。したがって、これらを削減することには、より強い誘因がある（ヨーロッパ諸国では、大気汚染を軽減する取り組みが開始された当初からハンデがあった。一九九〇年代には燃費のよいディーゼル車が強く好まれる傾向にあったのだ。しかしディーゼル車の排出ガスには大気汚染の原因となる粒子状物質が多く含まれ、これが都市での健康的な生活を脅かすということで、近年ようやくディーゼル車の割合が減少しつつある）。

しかし第三の方策は、前の二つよりもさらに重要だ。各国はもっと研究開発（R&D）に力を入れて、あらゆる種類の低炭素エネルギーの生成を（再生可能エネルギーも、第四世代原子力エネルギーも、核融合エネルギーも含めて）実現させ、あわせてエネルギー貯蔵やスマートグリッド（次世代送電網）など、同様の進歩が不可欠な各種のテクノロジーも実現させるべきなのである。だからこそ二〇一五年のパリ協定の心強い成果として、「ミッション・イノベーション」と名づけられた取り組みが始まったのだ。これは当時のオバマ大統領と、インドのナレンドラ・モディ首相が立ち上げたもので、G7に加えてインドと中国、さらに一一か国が承認した。各国は二〇二〇年までにクリーンエネルギーの研究開発に投入される公的資金を二倍にし、協調して努力することを誓約するものと期待されている。この目標は控えめなものだ。現在のところ、公的資金が投入された研究開発費のうち、この分野に充てられているのは二パーセントにすぎない。どうしてこれが医学研究や防衛研究に費やされているのと同じぐらいの割合にならないのだろう。ビル・ゲイツらの民間の慈善家は、すでに同様のコミットを誓約している。

世界経済の「脱炭素化」を妨げている大きな要因は、再生可能エネルギーの生産費用がいまだ高すぎることだ。こうした「クリーン」テクノロジーがもっと早く進歩すれば、それだけ早く価格も下がるのだから、発展途上国にも手が届くものになる。そうなれば、薪や糞を燃料とするストーブの煙で貧困層の健康が脅かされることもない。石炭を燃料とした火力発電所を建設する必要もなくなるだろう。

太陽は、全人類が必要とする量の五〇〇〇倍のエネルギーを地球の表面に届けている。エネルギー需要が最も早く高まると予測されるアジアとアフリカには、とくに強く日光が当たっている。化石燃料と違って、放射性廃棄物を残すこともない。太陽は大気汚染を発生させないし、採掘労働者を死なせたりもしない。核分裂と違って、すでに太陽エネルギーが競争力を得ている。送電網が届いていないインドやアフリカの何千もの村では、すでに太陽エネルギーが競争力を得ている。しかし大半のところでは、やはり化石燃料に比べて価格が高いため、補助金や固定価格買取制度に頼らないかぎり採算が合わない。そして、こうした補助金にいつまでも頼れるわけでもない。

もし太陽を（あるいは風を）私たちの主要エネルギー資源にしようと思うなら、なんらかの方法でこのエネルギーを貯蔵できるようにしなくてはならない。そうすれば夜でも、あるいは風の吹いていない日中でも、エネルギーを供給できる。蓄電池の改良と大規模化には、すでに多大な投資がなされている。二〇一七年にはイーロン・マスク率いるソーラーシティ社が、オーストラリア南部に容量一〇〇メガワットのリチウムイオン蓄電池群を設置した。エネルギーを貯蔵できるほかの手法としては、蓄熱、蓄電器、圧縮空気、溶融塩、揚水発電、水素などが考えられる。

電気自動車への移行は蓄電池技術に弾みをつけてきた（自動車のバッテリーに必要とされる条件は、重量と再充電速度の面で、家庭や「バッテリーファーム」で求められる条件よりずっと厳しい）。長い距離にわたって効率よく電気を送るには、高圧直流の送電網が必要になるだろう。将来的には、大陸横断送電網ができることが望ましい。そうすれば太陽エネルギーを北アフリカやスペインから日照の乏しい北ヨーロッパへ送れるし、北米大陸とユーラシア大陸の時差のあるところで東西を結び、各地のピーク需要を均（なら）すこともできるだろう。

若いエンジニアたちにとって、世界のためのクリーンエネルギーシステムを考案することよりやりがいのある仕事も、そう思いつかないのではないだろうか。

太陽発電と風力発電のほかに、地理的な条件を生かした発電方法もある。たとえばアイスランドでなら、すぐにでも地熱発電ができる。波力発電も可能だろうが、もちろんこれは風力発電と同じぐらい安定性に欠ける。潮汐（ちょうせき）エネルギーの活用も、潮の干満が予測できることからして魅力的に感じるが、潮差がよほど高くなる地形条件を持ったところでないかぎり、実際には望み薄だろう。ブリテン島の西岸部はその数少ない例外で、潮差が最大一五メートルもある。そこで、いくつかの岬のまわりで潮が生み出す速い流れからタービンでエネルギーを抽出できないものかと、実用化のための調査がなされてきた。セヴァーン川の広い河口にダムを作れば原発数基分の電力が生み出せるものと見られるが、生態学的な影響に懸念があるため、この提案にはいまだ反対が多い。代替案として、海域を閉鎖するように長大な堤防を渡して潮汐ラグーンを作るという計画もある。内側と外側の海水面の高低差を利用してタービンを動かそうというわけだ。こうしたラグーンには、資本コストをかけるところがローテクで長命な土盛りで、償却期間が何世紀にも及ぶという利点がある。

現在の展望からすると、クリーンエネルギー源が私たちのニーズ、とくに発展途上世界のニーズをすべて満たせるようになるには数十年かかるかもしれない。たとえば太陽エネルギーと水素や蓄電池による貯蔵が不十分なら（現時点ではこれらが最も有望だと思われるが）、今世紀半ばになってもまだ予備エネルギーが必要だろう。炭素隔離（二酸化炭素回収貯留）と組み合わせるならば、ガス発電を進めてもいい。発電所の排出ガスから二酸化炭素を抽出して地下に輸送し、そこで永久に貯留するのである。

二酸化炭素濃度をむしろ産業化以前の水準にまで減らしてしまったほうがいいのでは、という意見もあることはある。つまり、この先に発電所から排出される二酸化炭素を隔離するだけでなく、前の世紀に排出されてきた分まで「吸い出し」てしまおうというわけだ。これは必ずしも正論ではない。二〇世紀の世界の気候に「最適」はないからだ。困ったことに、人為的な変化の速度が過去の自然な変化の速度よりも速かったので、私たちにとっても自然界にとっても適応は容易でなかったのである。しかし、そのように減らすのが有益であると見なされるなら、達成する方法は二つある。ひとつは大気からの直接抽出で、これは可能だが、二酸化炭素が大気中に占める割合はわずか〇・〇二パーセントだから、量としては不十分である。もうひとつの手法は作物を育てることだ。当然ながら、作物は大気から二酸化炭素を吸い上げる。これをバイオ燃料として利用して、発電所で燃やされたときに再放出される二酸化炭素を回収（および貯留）すればよい。これは原理的には良策だが、問題は、燃料を育てるのに必要となる土地の量である（それに使わなければ食料のために使えたはずで、あるいは自然林として保存されていたはずだ）。また、何十億トンもの二酸化炭素を永久に隔離しておくのも容易ではない。そこで今日では、光合成のハイテクバージョンである「人工葉」のプロセスを用いて燃料に二酸化炭素を直接組み込む方法が研究されている。

原子力発電についてはどうだろうか。私個人は、イギリスとアメリカがとりあえず発電所の世代交代を進めているのを支持したい。しかし原発事故の危険は、たとえ起こりそうにないとしても不安を呼ぶ。世論も政治的見解も穏やかでない。二〇一一年の福島第一原発事故のあと、反原発感情は日本ではもちろん、ドイツでも高まった。さらに言えば、国際的に管理された燃料バンクが設立されて濃縮ウランを提供しつつ、廃棄物を除去して貯蔵するようにでもしないかぎり、世界的な原子力計画が快諾されることはありえない。加えて、二流の航空会社からもたらされるのと同程度のリスクを防止するために厳密に実行される安全規定、放射性物質が兵器製造に転用されるのを阻止するための確固とした核拡散防止協定も求められるだろう。

広く普及した原子力エネルギーには賛否半ばの反応があるとはいえ、研究開発を推し進めて第四世代のさまざまなコンセプトを検討してみる価値はある。これらは従来の原子炉より大きさに制約がなく、かつ安全であることも確認されるかもしれない。この二〇年、原子力業界の勢いはかなり衰えており、現在の設計は一九六〇年代か、さらに以前にさかのぼる。しかし規格化された小型のモジュール式原子炉の経済性は、とくに研究に値する。この原子炉はけっこうな数で建設できて、しかも最終的な設置場所に輸送される前に工場で組み立てられるほど小さい。ついでに言えば、一九六〇年代に考案されたいくつかの設計も再考に値する。とりわけトリウム基盤の原子炉は、トリウムが地球の地殻にウランよりもふんだんにあり、しかも危険な廃棄物の生成が少ないという利点を持つ。

一方、核融合——太陽の原動力となっている過程——を利用する試みは、一九五〇年代からずっと続けられてきたが、そのあいだに有望な兆しはむしろ後退している。核融合電力が商業利用できるようになるのは、いまだ三〇年は先と見られているのだ。核融合発電の課題は、磁力を利用して数百万度の温度——太陽の中心部と同じぐらいの熱さ——でガスを閉じ込めること、および、長期の照射にも耐えられる原子炉を格納するための素材を考案することだ。いくら費用がかかっても、核融合からの潜在的な見返りは莫大（ばくだい）だから、実験と試作品を開発しつづけるだけの価値はある。そうした努力の最大のものが、フランスにある国際熱核融合実験炉（ITER）だ。これよりは小規模だが同様のプロジェクトが、韓国、イギリス、アメリカでも進められている。もうひとつの核融合手法として、巨大なレーザーからのビームを収束して重水素ペレットに衝撃を与えて内破させるという方法もあり、こちらはアメリカのローレンス・リバモア国立研究所の「国立点火施設」で探求されている。ただし、この核融合施設の第一義は防衛プロジェクトであり、実際の水爆実験に代わる実験室規模の試験をしようというものだ。制御された核融合発電をめざすという触れ込みは、政治的な隠れ蓑である。

「不安因子」と、それが呼び込む無力感は、放射線に対する一般市民の恐れを必要以上に増大させる。結果として、きわめて低い放射線レベルに対しても不合理なまでに懸念が高まって、核分裂や核融合のあらゆる計画が妨げられる。

二〇一一年に日本で起こった地震と津波は、二万人近くの命を奪った。その多くは溺死だった。この津波で福島第一原子力発電所も破壊された。一五メートルの高波に襲われては防御が足りず、もともとの設計も最善レベルには達していなかった（たとえば非常用発電機が地下に設置されていて、水をかぶったために作動しなかった）。その結果、放射性物質が漏れて拡散した。周囲の集落からの住民避難に関しても混乱があった。最初は発電所から三キロメートル以内だったのが、ついで一〇キロメートル、ついで二〇キロメートルと場当たり的に範囲が拡大し、風の吹き方によって汚染の広がりがばらばらであることにも注意が足りず、一部の避難者は三度も移動しなければならなかった。いくつかの集落は今も無人のままで、昔からの住民の生活はめちゃくちゃにされた。実際、精神的なトラウマや、糖尿病などの健康問題は、放射線のリスクよりもひどく体を弱らせることがわかっている。多くの避難者、とくに高齢の避難者は、住み慣れた環境で人生をまっとうする自由と引き換えに、がんのリスクが高まるのを受け入れる覚悟をすることになる。それでも彼らにはその選択肢が与えられてしかるべきだ（チェルノブイリ原発事故のあとの大規模避難にしても、退去させられた住民にとっては必ずしも最善の策ではなかった）。

低レベルの放射線の危険についてのガイドラインが過剰に厳しいと、原子力発電の経済性全体が損なわれる。スコットランド北部にあったドーンレイ実験用「高速増殖」原子炉が閉鎖されたあと、現在から二〇三〇年代までに数十億ポンドが「暫定的浄化」に費やされる見込みで、その後もさらに数十年にわたっていっそうの支出が見込まれる。また、イギリスのセラフィールドの原発施設を「更地」に戻すため、次の世紀にかけて一〇〇〇億ポンド近くの予算が組まれてもいる。そして、もうひとつの政策課題もある。都市の中心部が「汚染爆弾」（従来型の化学爆発に放射性物質を混ぜ込んだもの）で攻撃されたら、それなりの住民避難が必要になる。だが、福島の場合がそうだったように、現在のガイドラインにそのまましたがえば、避難の規模に関しても期間に関しても、過度に激しい反応を呼んでしまうだろう。原子力事故の起こった直後は、バランスのとれた議論にとって最適の時期ではない。したがって、この問題には今こそ新しい評価と、明確で適切なガイドラインの普及が必要なのだ。

＊

実際問題として、今後、気候問題の最前線はどうなっていくのだろう。悲観的な見方をすると、たとえパリ協定の誓約が守られるとしても、エネルギー生産を脱炭素化するという政治的な取り組みはさほど進展せず、大気中の二酸化炭素濃度は今後二〇年、さらに急速に上昇していくのではないか。とはいえ、その二〇年後には、水蒸気と雲からのフィードバックが実際にどれだけ強いかが——長く蓄積されたデータと向上したモデリングによって——今よりもずっと確実にわかっているだろう。もし「気候感度」が低ければ、ひとまずは安心できる。しかし、もし高くて、いずれ気候が不可逆的な軌道で危険領域に突っ込んでいく可能性が見えたようなら（IPCC第五次報告書における最も急激な気温上昇シナリオのごとく）、いよいよ「緊急措置」が必要になるかもしれない。そのとき「プランB」はあるのだろうか。せいぜい、すべては運命だとあきらめて化石燃料への依存を続けながら、それでも大気への二酸化炭素排出の影響はできるかぎり阻止すべく、化石燃料を使った発電所での炭素回収貯留に多大な投資をするぐらいではないのだろうか。

これよりも議論の余地は大きいが、気候を地球工学によって積極的に制御できるという考えもある。[20] たとえば上層大気中にエアロゾルを散布して日光を反射させたり、さらには宇宙空間に広大な「日傘」を作ったりすることで、「地球温暖化」を相殺できるというのである。世界の気候を変えられるだけの量の物質を成層圏に投入することは、たしかに不可能ではなさそうだ。むしろ恐ろしいことに、これは一国の、ことによると一企業の資源の範囲内でできる可能性がある。こうした地球工学的手法に関しては、政治的な問題が大きすぎるかもしれない。予想外の副作用が出ないとも限らない。さらに言えば、この対抗策をずっと続けられなかった場合、温暖化の激しい揺り戻しが起こり、二酸化炭素濃度の上昇によるその他の影響（とくに海洋酸性化の有害な効果）もとめどなく出てくるだろう。

この種の地球工学的対策は、政治家にとってはまさに悪夢だ。すべての国がこのサーモスタットを同じように調整したがるわけはないからである。どのような人為的な介入であれ、その局所的な影響を計算するためには非常に綿密に練り上げられた気候モデリングが必要になる。ひとりの個人やひとつの国家が悪天候の責めを負わされるようなことになろうものなら、大儲けできて喜ぶのは弁護士ぐらいだ（ただし、別種の救済策――大気からの二酸化炭素の直接抽出――なら動揺を呼ぶことはないだろう。これは今のところ経済的に現実味に乏しいが、人類がすでに化石燃料の燃焼を通じてやらかしてきた地球工学的な過失を元に戻すだけだから、とくに反論される理由もないだろう）。

しかし、こうした困った特徴はあるものの、地球工学は研究するだけの価値がある。どの選択肢が適切なのかを明らかにするのに役立つだけでなく、地球の気候への技術的な「応急処置」に対する過度な楽観を抑えてもくれそうだ。提起される複雑なガバナンス問題を整理するのは賢明なことだし、何より気候変動が本当に深刻化して至急の対応が求められるようになる前に、それらの問題は確実に解決しておいたほうがいい。

序章でも強調したように、人類がこの惑星の住環境全体に影響を及ぼせるようになって初めて迎えたのが今世紀である。地球の気候にも、生物圏にも、天然資源供給にも人間の手が及んでおり、変化は一〇年単位で起こっている。このペースは、地質学的過去を通じて起こってきた自然な変化と比べてはるかに速い。一方で、人間が対策を講じられるぐらいには十分にゆっくりなペースでもある。そのあいだに私たちは――人類全体としてでも国家単位としてでも――気候の変動を緩和するなり、変動に合わせて生活様式を修正するなり、必要な対応をとればよい。こうした調整は、原理的には可能である――が、本書を通じての一貫した重いテーマは、技術的に望ましいことと実際になされることのあいだに埋まらない溝があるということなのだ。

私たちは新しいテクノロジーに関して福音伝道者(エバンジェリスト)であるべきだ。新しい技術がなかったら、今の私たちの暮らしを過去の暮らしよりよくしているものは、ほとんど存在していない。テクノロジーがなかったら、ますます増える人口と、ますます要求が大きくなる人類に対して、世界は食料を供給できないし、持続可能なエネルギーも供給できない。しかし同時に、私たちはその新しいテクノロジーを適切な方向に向かわせる必要がある。再生可能エネルギーシステムや、医学の向上や、人工肉などのハイテク食料生産は、みな適切な目標である。一方、地球工学的な技法は、おそらくそうでない。とはいえ、科学や技術の大躍進はいきなり起こりうるものだから、つねにそれを正しく受け止められるとは限らない。その進歩の利点をうまく活用しながらも、問題点をうまく回避できるようにならなくてはいけない。そうした新しいテクノロジーの希望と危険とのせめぎあいが、次の章のテーマである。

第2章　地球での人類の未来

2・1　バイオテクノロジー

今日、ロバート・ボイルと聞いて真っ先に思い浮かぶのは、気体の圧力と体積の関係を示した「ボイルの法則」のことだろう。ボイルは、今もイギリスの科学アカデミーとして存在するロンドン王立協会を一六六〇年に創設した「利発で好奇心の強い紳士たち」のひとりだった。彼ら（実際、メンバーに女性は皆無だった）に肩書きを問うたなら、「自然哲学者」と答えただろう（「科学者」という言葉は一九世紀まで存在していなかった）。彼らに深く影響を与える文章を残したフランシス・ベーコンの言葉を借りるなら、彼らは「光の商人」だった。何かのためということでなく、ただそれ自体を目的として、理知の光を求めていた。しかし同時に、彼らは実務家でもあって、当時のさまざまな問題に取り組みながら、「人間の暮らし向きの救済」をめざした（これもベーコンからの引用だ）。

ボイルは博識だった。彼が一六九一年に亡くなったあと、書類の中から一枚の手書きのメモが見つかった。それは、人類のためになりそうな発明が列挙された「願いごとリスト」だった。[★1] 当時の古風な言いまわしを使ってボイルが思い描いた将来の進歩のなかには、今日すでに達成されているものもあり、三世紀以上を経てもなお現実になっていないものもある。そのうちの一部を挙げよう。

寿命の延び。

若さの回復、あるいはせめて、新しく歯が生えたり、若いころと同じ色の髪が伸びたりするなど、なにがしかの若さのしるしの回復。

飛行術。

水中にいつまでもいられて、かつ、そこで自由に機能を働かせられる技術。

発作時のてんかん患者やヒステリー患者に見られるような身体の強さや敏捷(びんしょう)さ。

作物生産の加速化。

放物レンズや双曲レンズの作成。

経度を知るための実用的かつ確実な方法。

想像、覚醒、記憶などの機能を高めたり、痛みを緩和したり、安眠や無害な夢を誘ったりする効能を持った薬。

永続する光。

鉱物や動物や植物の種の改変。

膨大な次元の獲得。

お茶の作用や狂人の症状に見られるような、通常必要とされる長時間の睡眠からの解放。★2

ボイルと同時代の一七世紀の人間なら、誰しも現代の世界には驚愕するだろう——それはもう、古代ローマ人がボイルの時代の世界に驚愕する度合いの比ではない。しかも現代においては、多くの変化がなおも加速中だ。バイオ技術、サイバー技術、ＡＩ技術に代表されるまったく新しいテクノロジーには、たった一〇年先のことさえ予測できないほどの変革力がある。これらのテクノロジーは、この人口過密の世界を脅かす危機に新たな解決策をもたらすかもしれないが、その一方で、私たちの今世紀の歩みをもっと不穏にする危なっかしさも生み出すかもしれない。この先の進歩は、研究施設からどんな斬新な発見が出てくるかにかかっている。それだけに、進歩のスピードはことに予想しがたい。その点で、二〇世紀物理学に基盤を置く原子力とは対照的だし、蒸気と電気によってもたらされた一九世紀のさまざまな変革ともまったく違う。

バイオテクノロジーの「目玉」的なトレンドは、ゲノム配列決定のコストが急激に下がってきたことだ。ヒトゲノム計画における「最初のドラフト（下書き）」は、まさしく「巨大科学（ビッグ・サイエンス）」〔多額の資金と多数の研究者を投じてなされる自然科学研究〕の所産だった。この国際プロジェクトには三〇億ドルもの予算が組まれていたのである。ドラフトの完成は二〇〇〇年六月にホワイトハウスでの記者会見で発表された。だが、それから二〇一八年までのあいだに、ゲノム解読のコストは一〇〇〇ドルを切るまでに下がった。いずれ遠からずして、私たちはみな当たり前のように自分のゲノム配列決定をしてもらえるようになるだろう。ただしそうなると、ひとつ疑問が浮上する。私たちは本当に知りたいのだろうか——自分の体内に特定の病気にかかりやすくさせる遺伝子があるのかどうかを。[3]

しかし現在、並行してもうひとつの発展もある。もっと早く、もっと安く、ゲノムを合成できるようになっているのである。来たるべき事態の前触れとしてポリオウィルスが人工合成されたのが二〇〇二年のことであり、二〇一八年現在、この技術はそれからはるかに進歩している。アメリカのバイオテクノロジー研究者で実業家でもあるクレイグ・ヴェンターなどは、実質的な遺伝暗号3Dプリンターである遺伝子合成装置を開発しているぐらいだ。これにできるのがせいぜい短いゲノムの複製ぐらいだとしても、そこからはさまざまな応用が可能となる。たとえばワクチンの「暗号」を電子送信で全世界に伝えられたりすれば、新しい疫病に対応して作られたワクチンがすぐさま世界中に行き渡るだろう。

人は通常、「自然に反する」ように見えるイノベーションや、リスクを課すようなイノベーションには不安を覚える。ワクチンの予防接種や心臓移植なども、かつては物議をかもしたものだ。近年では、胚研究、ミトコンドリア移植、幹細胞などに、そうした懸念が集中している。私はイギリスでの胚問題についての議論を注視してきた。胚を一四日目までは培養できることを法で認めるかどうかという問題である。議論の進みは悪くなかった。研究者と国会議員と一般市民がともに建設的な関与をしていた。反対を示したのはカトリック教会で、一部の教会代表者が配布したパンフレットでは、一四日目の胚が「ホムンクルス」のような人体のかたちをしたものとして描かれていた。科学者は、それがいかに誤解を招く描写であるかを強調し、そのような初期段階の胚は実際のところ微小で未分化の細胞群なのであるという適正な主張をした。しかし、もっとスマートな反対派ならこう応じただろう――「それはわかっているが、それでもやはり胚は神聖なものだ」。この信念に対しては、科学も反論を持ち出せる余地がない。

対照的に、遺伝子組み換えをされた作物や動物についての議論は、イギリスではあまり芳しく進まなかった。まだ市民が十分に関わってもいないころから、巨大農薬メーカーのモンサント社と環境保護主義者のあいだには対立があった。モンサント社は発展途上世界の農家に毎年種子を購入させており、それが搾取にあたるとして非難されていた。一般市民は「フランケンシュタイン食品」に反対する新聞キャンペーンに影響された。暗闇で光るウサギを科学者が作り出せることがわかったときには、多くの人が「おぞましさ」を感じた。それはサーカスの動物が人間に好き勝手に使われていることに対するのと同種の、さらにひどい嫌悪感だった。遺伝子組み換え作物はすでに丸一〇年、明白な被害を出すことなく三億人のアメリカ人に消費されてきたにもかかわらず、欧州連合内ではいまだに厳しく制限されている。加えて、前章の1・3の項でも言及したように、食事性欠乏症の対応策として遺伝子組み換え食品を栄養不良の子供たちに与えることさえも、遺伝子組み換え反対キャンペーンによって阻止されている。しかしながら、たしかに主食作物（コムギやトウモロコシなど）の遺伝的多様性が減少すれば、世界の作物供給は植物病害に対していっそう弱くなるという心配はある。

クリスパー・キャス9（CRISPER/Cas9）という新しい遺伝子編集テクノロジーは、従来の技法よりも認められやすい方法で遺伝子配列を変更できた。クリスパー・キャス9はＤＮＡ配列に少々の変化をほどこして、有害な遺伝子を抑制する（もしくは、その発現を改変する）。しかし、これが「種の壁を越える」ことはない。人間においては、この最も安全で、最も穏当な遺伝子編集の利用によって、特定の病気を生じさせる一個の遺伝子が除去される。

体外受精は、すでにクリスパー・キャス9よりも侵襲性（外部からの刺激によって生体内の恒常性を乱す可能性があること）が低い方法で、有害遺伝子の除去を可能にしている。この処置では、排卵を誘発するホルモン療法をほどこしたあと、卵子をいくつか取り出して体外受精させ、初期段階まで発育させる。その後、それぞれの胚から取った細胞一個を検査して、望ましくない遺伝子が存在していないかどうかを確認し、問題がなければそのまま移植して、あとは通常の妊娠段階を踏ませる。

現在では、特定の種類の欠陥遺伝子を取り替えるための別の技法もある。細胞内の遺伝物質のいくつかは、ミトコンドリアという細胞小器官の中に存在しているが、このミトコンドリアは細胞核とは分かれている。欠陥遺伝子がミトコンドリアのものであれば、それを別の女性から採取したミトコンドリアと入れ替えることができる。そうして生まれるのが、いわゆる「三人の親を持つ赤ちゃん」だ。この技法は、イギリスでは二〇一五年に合法化された。次なる段階は、細胞核内のDNAに遺伝子編集を使うことだろう。

一般市民の意識の中では、有害なものを除去する人為的な医療介入と、同様の技法を「強化（エンハンスメント）」目的で利用することとのあいだに明確な区別がある。個人の特徴（体格や知能など）の大半は、多数の遺伝子の総体によって決まる。何百万もの人間のDNAを入手できるようにでもなれば、そのとき初めて（AIに補助させたパターン認識システムを使って）関連する遺伝子の組み合わせを特定することが可能になるだろう。短期的には、それがわかれば体外受精に際して胚選別の情報提供に使うことができる。しかしゲノムの変更や再設計となると、実現する見込みははるかに薄い（そしてもちろん、危険も大きく、疑問視もされる）。これが実現されるまでは――そして必要な処方のもとでDNAの人為的配列ができるようになるまでは――「デザイナーベビー」は頭の中にも腹の中にも入る余地がない。興味深いのは、この方法で子供を「強化」すること（つまり、もっと実行しやすい単一遺伝子編集を使って特定の疾患や障害につながる傾向を除去しようというのではないこと）に、どれだけ親の希望があるかはわからないということだ。一九八〇年代、カリフォルニア州に「レポジトリー・フォー・ジャーミナル・チョイス」という精子バンクが設立された。これはまさに「デザイナーベビー」の概念を可能にすることをめざしたもので、俗に「ノーベル賞受賞者精子バンク」とも呼ばれ、トランジスタの共同発明者でノーベル賞受賞者のウィリアム・ショックレーなど、限られた「エリート」だけがドナーとして選定された。ちなみにショックレーは晩年、優生学の熱心な支持者であることで悪名を馳せた人物である。彼にとっては意外だったことに――しかしおそらく大半の人にとっては喜ばしかったことに――この精子バンクにたいした需要はなかった。

すでに達成されている内科医療と外科医療での進歩――および、今後数十年のうちに必ずなされるであろう進歩――は、基本的には絶賛されるだろう。しかし一方で、これらの進歩はいくつかの倫理的な問題を突きつける。とくに重大なのは、人生のごく最初にいる人間と最後にいる人間の処置に関わるジレンマをいっそう深刻なものにするということだ。健康寿命が延びるのは、もちろん歓迎すべきことである。しかし医療の進歩にともなって、健康なままどれだけ長く生きるかと、極端な手段で余命をどれだけ長く引き延ばせるかの差が開いていくという問題は、今後さらに大きくなっていくだろう。生活の質や回復の見込みが一定のレベルを切ったなら、その時点で多くの人は蘇生を求めず、緩和医療だけを希望することだろう。あるいは進行した認知症を抱えたまま何年も人生にしがみつきたいとも思わない――財源には限りがあるし、他人からの同情だって尽きていく。同じように、極端な未熟児や回復不可能な損傷を抱えた新生児に対しても、昨今の救命努力は行きすぎているのではないかという意見が出てくるかもしれない。たとえば二〇一七年末に、イギリスの外科チームが——多大なる尽力と献身をもって——心臓が体外に飛び出た状態で生まれてきた赤ん坊の命を救おうとしたようなケースだ。

ベルギー、オランダ、スイス、およびアメリカのいくつかの州は、「死の幇助（ほうじょ）」を合法化している。したがって精神状態の健全な末期症状の患者は、穏やかな死を迎えるための手助けを確実に受けられるようになっている。親族、もしくは医療担当者は、「自殺幇助」で刑事訴追される恐れなしに必要な処置を遂行できる。イギリスでは、同様の行為はまだ議会の承認を得ていない。反対意見の根拠は、原理主義的な宗教基盤にあったり、そのような行為への関与は医師の倫理規範に反するという考え方にあったり、あるいは繊細な人が家族に遠慮したり、他人にたいへんな苦労をかけることを過度に気にしたりして、もうその選択をするしかないように感じてしまうかもしれないという心配にあったりする。こうした理由から、イギリスでは国民の八〇パーセントが「死の幇助」を支持しているにもかかわらず、これに関してはずっと進展がない。私自身は、その八〇パーセントに間違いなく属する。この選択肢があるとわかっていれば、実際にそれを利用する人の数よりもずっと多くの人が慰安を得られるだろう。現代医療は明らかに大半の人に利をもたらし、大半の人の命を救っている。そして今後もさらなる進歩が見込まれて、数十年後にはいっそう健康寿命が延びていることだろう。それでもやはり、規定の条件のもとでの安楽死を合法化しようという圧力はなおも強まると思うのである（私はそうなることを願ってもいる）。

医療の進歩のもうひとつの帰結は、生死の境があいまいになってきたことだ。現在、死は一般に「脳の死」と定義されている。脳の活動の測定可能なサインがことごとく消滅した段階で、死亡と認識されるわけである。これは移植医が身体器官を適正に「摘出」できるタイミングを判定するのに使われる基準だ。しかしながら、この一線をさらにあいまいにしつつあるのが、「脳死」後に心臓の動きを人為的に再開させられるという発案である。しかしてその目的は、摘出される器官をできるだけ長く「新鮮」に保つためでしかない。実際にそんなことになれば、移植手術にはさらなる倫理的な両義性が生じる。すでに「エージェント」は貧しいバングラデシュ人に誘いをかけて、腎臓などの臓器を売らせようと仕向けている。そうして買われた臓器が大幅に値上げされて転売され、どこかの裕福な患者に移植されるのだ。また、病気の子供を抱えた母親が「ドナーを切実に求めている」と訴えるテレビ映像は誰でも見たことがあるだろう。この願いは言い換えれば、必要な臓器が供給されるよう、なんらかの致命的な事故などで、誰か別の子供に死んでほしがっているということだ。臓器ドナーの不足もあいまって、異種移植——人間に使うための臓器をブタなどの別の動物から摘出すること——が安全で当たり前の手段とならないかぎり、こうした倫理的な両義性はいつまでも残るだろう（それどころか悪化するかもしれない）。できれば異種移植よりもっと望ましいのは（もっと斬新な方法だが）、人工肉を作るために開発されているのと同種の技法によって代替臓器の3

Dプリンティングが可能になることだ。これから優先されるべきはこの分野の進歩である。

微生物学における——診断法、ワクチン、抗生物質などの——進歩からは、健康の持続、病気の抑制、大々的な流行病の封じ込めといった効果が見込まれる。しかし、これらの利点は逆に見れば、病原菌そのものによる危険な「反撃」を誘発してきたとも言える。まず心配されるのが抗生物質耐性だ。細菌を抑えるのに使われる抗生物質に対して、その細菌が（速度の速いダーウィン的自然選択を通じて）免疫を持つように進化してしまうのである。たとえば結核が再流行するようになったのもそのためだ。新しい抗生物質が開発されないかぎり、治療不可能な術後感染などのリスクは一世紀前のレベルにまで急上昇してしまうだろう。短期的には、すぐにでも抗生物質の使いすぎ——アメリカで畜牛にやっているような——をやめ、新しい抗生物質の開発を奨励することが必要になる。たとえそれが製薬会社にとっては慢性疾患を抑える薬の開発より儲けにならないとしてもだ。

そして、もっと進んだワクチンの開発をめざして行なわれているウィルスの研究にも、やはり物議をかもす一面がある。たとえば二〇一一年、オランダとウィスコンシン州の二つの研究グループが、H5N1亜型鳥インフルエンザのウィルスを驚くほど簡単に、もっと有害な、もっと伝染力の強いものにできることを明らかにした——この二つの特徴は自然なままであれば相関関係にないにもかかわらずである。これらの実験の正当な意義として持ち出された主張は、自然の突然変異より一歩先にいることによって必要なときにワクチンを用意するのが容易になるから、というものだった。しかし多くの人からすると、こうした実験には、その利点を覆して余りある大きなリスクがあった。危険なウィルスがうっかり放出されてしまう恐れ、そして、バイオテロリストに悪用されかねない技術がいっそう広く流布してしまう恐れだ。二〇一四年、アメリカ政府は、このような「機能獲得実験」に資金提供するのを中止した。しかし、その禁令も二〇一七年には緩和されている。二〇一八年には、馬痘（ばとう）ウィルスの合成を報告する論文が発表された――これはすなわち、天然痘ウィルスも同じように合成可能になるということだ。[★4]カナダのアルバータ州エドモントンのグループが行なったこの研究の意義に対しては、少なからぬ疑問が呈された。安全な天然痘ウィルスはすでに存在していて備蓄もされているではないかというのがひとつの意見、そして、たとえこの研究が正当化されるにしても、公表するべきではなかったというのがもうひとつの意見だ。

前述したように、クリスパー・キャス9技法を人間の胚に対して用いるような実験は、倫理的な懸念を誘発する。バイオテクノロジーの急速な進歩は、今後もさまざまな懸念を呼び起こす事例をさらにたくさん生んでいくだろう。その実験は安全なのか、「危険な知識」が広まったらどうするのか、その知識はどう応用すれば倫理にかなうのか。ひとつの個体だけでなく子孫にも影響を及ぼすような――つまり生殖細胞系を改変するような――処置は、どうしたって不安を呼ぶ。たとえばデング熱やジカ熱のウィルス株をばらまく蚊の生殖能力を損なわせ、それによってその蚊の種の一掃をはかるという試みが、九〇パーセントの成功率で実施されたことがある。イギリスでは、ハイイロリスの駆除のために「遺伝子ドライブ」〔特定の遺伝子が偏って遺伝する現象〕が利用された。ハイイロリスは言うなれば、もっと可愛らしいキタリスの生存を脅かす「害獣」だったのだ（もっと情け深い作戦をとるならば、ハイイロリスが媒介するパラポックスウィルスへの耐性を備えられるようにキタリスを遺伝子操作するのがいいだろう）。同じような技法が、ガラパゴス諸島に侵入した外来種――とくにクマネズミ――を絶滅させて、この地の独特な生態系を保存するのに使えるとして提案されている。

しかし一方、有名な生態学者のクリス・トマスが近年の著作『なぜわれわれは外来生物を受け入れる必要があるのか』で主張していることも一考に値する。[★5] 彼によれば、生態系をより多様に、より強靭（きょうじん）にするという点で、種の拡散はプラスの影響をもたらすことも多いそうだ。

組み換えDNA研究の黎明期だった一九七五年、分子生物学を代表する一連の研究者たちが、カリフォルニア州パシフィックグローブのホテルで開催されたアシロマ会議に集った。そしてその場で、やるべき研究とやってはならない研究を定めるガイドラインの設置に合意した。これは心強い先例となるかに見えた。実際、これをきっかけに、同じ精神で直近の発展について話し合う会議が各国のアカデミーによっていくつか開催されてきた。しかしアシロマ会議から四〇年以上を経た現在、研究者コミュニティははるかに国際的に拡大し、商業的圧力にますます影響されるようになっている。私の感覚からすると、良識的、倫理的な根拠からどのような規制が課されるにせよ、それを全世界に遵守させるのは無理なのではないかと思う。薬物法や税法が決して全世界標準にならないのと同じようにだ。あることができるとなれば、いずれ必ずどこかで誰かがそれをやる。そして、それは非常に恐ろしいことでもある。核兵器の製造には複雑に構築された、明らかに異彩を放つ特殊目的施設が必要だが、対照的に、バイオテクノロジーには小規模な軍民両用の施設があれば十分なのだ。実際、まだ趣味やゲームの範疇とはいえ、一般市民によるバイオ実験（バイオハッキング）は急速に発展しつつある。

もうずいぶん前の二〇〇三年、私はそうした危険性を心配して、バイオ事故やバイオテロが大被害につながる可能性を見積もってみた。その結果、二〇二〇年までに一〇〇万人の死者が出る可能性は五〇パーセントだった。驚いたことに、私の計算よりもさらに高い確率で大惨事が起こると考えていた同僚はたくさんいた。しかし最近、心理学者で著述家のスティーヴン・ピンカーが、そうならないほうに二〇〇ドル賭けようと私に言ってきた。これは私が心から自分の負けを願う賭けだが、考えてみれば、『暴力の人類史』の著者たるピンカーが楽観的な見方をとるのは当然のことだった。[★6]このピンカーのすばらしい本には楽観が染み込んでいる。引用されている統計は、暴力と紛争に十分な減少傾向があることを示している。ただ現在では、昔なら報道されなかったような惨事を世界的なニュースネットワークが逐一報じるために、その減少傾向がぼやかされてしまっているだけなのだ。とはいえ、その事実に引っぱられて過度に信頼を深められても困る。たとえば金融の世界では、利益と損失は非対称だ。何年もかけて少しずつ利益を積み重ねても、突然の損失によってすべてがふいになることもある。バイオテクノロジーとパンデミックにおいても同じで、めったに起きないような破格の大事件こそが何よりも危険なのだ。さらに言えば、科学が人間のできることを増やしているうえに、今の世界はすっかり相互連結を深めているから、起こりうる最悪の惨事の規模がかつてないほどまでに大きくなっている。あまりにも多くの人がその現実から目をそらしているだけだ。

ちなみに、もし現在パンデミックが起これば、社会に降りかかる悪影響はとてもかつての比ではないだろう。一四世紀半ばのヨーロッパの村落は、黒死病(ペスト)が一帯の人口をほぼ半分にまで減らしても、なお機能を失わずに存続できていた。生き残った人々は甚大な死者数を宿命として受け入れていたからだ。対照的に、今日の比較的裕福な国では各人の権利意識が強すぎて、病院が患者を受け入れきれなくなったり、主要労働者が自宅から出られなくなったり、保健事業が大打撃を受けたりすれば、たちまち社会秩序が崩壊に向かうだろう。こうした事態は、まだ感染者がたった一パーセントの時点から起こりうる。発展途上世界のメガシティでは、おそらく最高の死亡率が記録されるだろう。

パンデミックは絶えず存在する自然の脅威だが、それではバイオ事故やバイオテロから生じる人為的なリスクについて懸念の声を上げるのは、ただ世間を騒がすだけのデマ飛ばし行為なのだろうか？　残念ながら、私はそうは思わない。専門知識があるからといってバランスのとれた合理性を持ち合わせているとは限らない、というのは誰もがいやというほど知っている。どの村にも馬鹿者がいるように、この地球村（グローバルヴィレッジ）にもそれなりの馬鹿者がいることだろう。そして地球村の馬鹿者がやることは、地球全体に影響が及ぶのである。人為的に放出される病原菌の広まりは、予測もできなければ制御もできない。だからこそ政府が生物兵器を使用してはならないのだし、なんらかの明確な目的を持ったテロリストグループにも使わせてはならない（前章の1・2の項で、とくに核とサイバーの脅威を取り上げたのもそのためだ）。その意味で、私が最も恐れるのはバランスを欠いた「はぐれ者」だ。バイオテクノロジーに詳しい孤立した人間が、たとえば地球には人間が多すぎるといった思い込みにとらわれて、どこの誰が、何人の人間が感染しようがかまわないと思ったならば……。科学技術に精通したグループが（あるいは個人でも）サイバーテクノロジーによってもバイオテクノロジーによっても力をつけたなら、政府にとっては非常に厄介な問題になるだろう。自由とプライバシーとセキュリティとの兼ね合いをどう取るかもますます難しくなる。十中八九、介入が深まってプライバシーが少なくなる方向に社会は向かうのではないか（実際、人々がじつに軽率に詳細な個人情報をフェイスブックにさらしたり、いたるところに存在する監視カメラをおとなしく受け入れたりしている現状を見るかぎり、そうした社会の移行にも、抵抗は驚くほど少ないのだろうと感じさせられる）。

バイオ事故とバイオテロは、近いうちに――一〇年か一五年以内には――現実になりうる。そしてもっと長期的には、ウィルスの「デザイン」と合成が可能になるとともに、いっそうその脅威を増すだろう。来たる「最終」兵器は、高い致死性と普通の風邪のうつりやすさを両立させているはずだ。

二〇五〇年以降、生物学者はこの世界にどんな進歩をもたらしているだろう。フリーマン・ダイソンは、自分たちが子供のころに化学セットで遊んだのと同じぐらい当たり前のように、将来の子供たちが新しい生物を設計して創造する時代が来ると予想する。[★7] もしいつか「キッチンテーブルでの神様ごっこ」が可能になったなら、私たちの生態系は（ひょっとすると私たちの種も）そう長く無傷で生き延びることはできないかもしれない。しかしながら、ダイソンは生物学者ではない。彼は二〇世紀の代表的な理論物理学者のひとりだ。とはいえ、その種の人々の多くと違って、ダイソンは独創的で思弁的な考えをする人で、逆張り的な傾向を見せることがしばしばある。たとえば彼は一九五〇年代、「オリオン計画」という推論上のコンセプトを探求するグループの一員だった。このグループがめざしていたのは、宇宙船（船体をしっかりと遮蔽したもの）の後尾に水素爆弾を装着し、その爆発を推進力として（核パルス推進）星間旅行を実現させることだった。二〇一八年現在でも、ダイソンはいまだ気候変動に早急に対処する必要性には懐疑的だ。

老化についての研究は、現在、相当に優先順位が高くなっている。これから利益がどんどん大きくなるからか？　それとも老化は治すことのできる「病気」だからか？　いずれにしても、まじめな研究がもっぱら着目しているのはテロメアについてだ。これは染色体の末端部から伸びているD

NA構造で、人間が年をとるとともに短くなる。線虫の寿命を一〇倍に延ばすことならすでに成功しているが、もっと複雑な動物となると、効果はさほど劇的でない。ラットの寿命を延ばす唯一の効果的な方法は、ラットに餓死寸前の食事しか与えないことだ。しかしラットほど可愛くはないが、人間に特別な生物学的教えを授けてくれるかもしれない種がひとつある。ハダカデバネズミである。一部のハダカデバネズミは三〇年以上も生きるが、これはほかの小型哺乳類の寿命に比べて数倍も長い。

人間の寿命の延長に何か画期的な進展があれば、それによって人口予測は劇的に変わるだろう。社会的な影響ももちろん大きいが、それは老衰の期間が同じように延びるかどうか、女性の閉経年齢が寿命の延びにしたがって上がるかどうかしだいだ。しかし人間の内分泌系がもっとよく理解されていけば、ホルモン療法を通じて人体のさまざまな要素を強化することも可能になるかもしれない。そしてある程度までは人間の寿命も、そうした強化の一部に属するだろう。大半のテクノロジーと同様に、これについても不公平なまでに優先されるのは富裕層だ。そして人々が長生きを求める気持ちは非常に強いから、効能が検証されてもいない風変わりな療法が受け入れられる市場はすぐにできる。二〇一六年創業のアンブロシア社は、シリコンバレーのエグゼクティブたちに向けて「若者の血液」の注入を売り出した。近年のもうひとつの大流行はメトホルミンだ。これはもともと糖尿病を治療するための薬だが、認知症やがんを予防できるとの触れ込みが広まっている。さらに胎盤細胞（プラセンタ）の効能をもてはやす声もある。前にも触れたバイオテクノロジー事業家のクレイグ・ヴェンターは、ヒューマン・ロンジエビティという会社を持っており、創業にあたって三億ドルもの資金を集めた。これはトゥウェンティスリーアンドミー社（23andMe：顧客のゲノムを詳細に解析して、病気へのかかりやすさや血統についての興味深い結果を明らかにしてくれる会社）を上回る規模だ。ヴェンターは、人間の腸内にいる数千の「菌」の種のゲノム解析をめざしている。この体内「生態系」が人間の健康にとっては非常に重要なのだと（非常にもっともらしく）言われている。

「永遠の若さ」を実現させようとする「後押し」がシリコンバレーから出てくるのは、そこに蓄積されてきた莫大な富の余剰があるからというだけでなく、そこが若さを基盤にした文化を持つ土地だからでもある。シリコンバレーでは、三〇歳以上の人間は「峠を越えた」と見なされるのだ。未来学者のレイ・カーツワイルは、重力からの（比喩的な）「脱出速度」の実現について熱狂的に語る。医学の進歩が急速に進んで平均余命が毎年一年以上延びていけば、不死を実現するのも不可能ではないというのである。彼は一日に一〇〇錠以上ものサプリメントを摂取している。そのうちのいくつかはお決まりのもので、いくつかは目新しいものだ。ただし、カーツワイルは自分の「自然」な寿命のうちに「脱出速度」が実現されることはないかもしれないと考えてもいる。そのため彼は、この涅槃（ねはん）への到達がかなうまで自分の体を冷凍保存しておきたいのだという。

私はかつて、「人体冷凍保存」の熱狂的な支持集団からインタビューされたことがある。カリフォルニアに本拠を置く「不本意な死の撲滅をめざす会」という集団だ。私は彼らに、自分が生涯を終えた暁にはカリフォルニアの冷凍庫ではなくイギリスの教会墓地に納まりたいと話した。彼らは私を「デスイスト（deathist）」と呼んで笑った。まったくの時代遅れという意味だ。しかし驚いたことに、後日、イギリスの学者が三人も（幸い私の大学の人間ではなかったが）「人体冷凍保存」に申し込んでいたことがわかった。そのうち二人は最高額のコースを選び、残り一人はお値打ち価格で、頭部だけを冷凍する契約を結んでいた。契約先はアリゾナ州スコッツデールのアルコーという財団だ。三人の同僚はそれなりに現実的に、復活の見込みは薄いかもしれないと認めているが、それでもこの投資をしなければ可能性はゼロだと主張する。彼らが身につけているメダルには、自分が死んだらただちに体を冷凍し、血液を液体窒素と入れ替えるようにとの指示が記されている。

いずれ死ぬのが当然と思っている人間のほとんどからすると、この熱望をまともに受け取るのはなかなか難しい。また、たとえ人体冷凍保存に現実的な成功の見込みがあったとしても、やはり私はこれをすばらしいとは思わない。もしアルコーが破産せず、必要のあるかぎり何百年も冷凍庫を維持して忠実に管理を続けてくれたとしても、いざ死体が生き返ったとき、そこは彼らにとって見知らぬ世界だ。言うなれば彼らは過去からの難民なのである。おそらく寛大に扱ってはもらえるだろう。今の私たちだって、（たとえば）苦境にあって避難所を求めている人々や、住み慣れた土地から強制的に引き離されたアマゾン川流域の部族民に対しては、同じように優しくしてやるべきだと感じるではないか。しかし違うのは、この「解凍された死体」は自らの選択で未来の世代に面倒をかけるということだ。したがって、彼らがどれほどの配慮に値するかはなんとも言えない。この状況は、ある似たようなジレンマを思い出させる。それは必ずしもサイエンスフィクションとは限らないのだが、やはりその域にとどめておいたほうがいいと思うもの——すなわちネアンデルタール人のクローン作成である。専門家のひとり（あるスタンフォード大学教授）はこう言ったという。「われわれはそのネアンデルタール人を動物園に入れればいいのか、それともハーバード大学に送ればいいのか？」

2・2 サイバーテクノロジー、ロボット工学、AI

細胞、ウィルス、その他もろもろの生物学的微細構造は、本質的に「機械」であって、タンパク質やリボソームといった分子スケールの部品の組み合わせでできている。そう考えると、コンピューターが劇的に進歩できたのは、ナノスケールの電子部品の製造能力が急速に向上して、それによりスマートフォンやロボットやコンピューターネットワークの動力源となるプロセッサーに、ほとんど生物学レベルの複雑さを取り込めるようになったからだろう。

こうした変革的な進歩のおかげで、インターネットとその周辺物は、史上最も急速で、最もグローバルに近い、新テクノロジーの「浸透」を生んできた。アフリカと中国でのこれらの広まりは、ほぼすべての「専門家」が予測したよりずっと速いペースで進んだ。さまざまな家電製品と、文字どおり何十億人にも届くウェブ経由サービスは、私たちの生活をこれまでになく豊かにしてきた。とくに発展途上世界への影響は象徴的で、最適応用された科学がいかに貧しい地域を変革できるかをまざまざと教えてくれる。ブロードバンドインターネットは遠からずして、低軌道衛星や高高度気球やソーラー発電ドローンを介して全世界に行き渡るだろう。そうなれば教育も、近代的な医療や農法やテクノロジーの採用も、いっそう勢いよく進むに違いない。適正な公衆衛生をはじめとする一九世紀のテクノロジー進歩の恩恵にいまだあずかれていない人がたくさんいるような最貧困層でさえ、ネット接続された経済に一足飛びに移行し、ソーシャルメディアを満喫することが可能になるだろう。いまやアフリカの人々はスマートフォンを使って市場情報にアクセスし、モバイル決済を行なうことができる。中国には世界で最も自動化が進んだ金融システムがある。これらの発展は「消費者余剰」〔消費者が支払ってもよいと思う最大限の許容額から実際に支払う額を差し引いた額〕を生み、発展途上世界に起業精神や将来への楽観を呼び起こす。加えて、こうした恩恵を下支えしてきたのが、マラリアなどの感染症の撲滅をめざした各種の有効なプログラムである。ピュー・リサーチ・センターの調査によると、中国人の八二パーセント、インド人の七六パーセントが、自分の子供世代は今の自分たちよりもよい暮らしを送れると信じているという。
現在、インド国民は電子ＩＤカードを持っており、それを使って簡単に福利厚生の登録ができるようになっている。このカードにパスワードは要らない。人間の目の血管パターンをもとにした「虹彩（こうさい）認識」ソフトを使う仕組みになっているからだ。これは従来の指紋認識や顔認識からの大幅な進歩である。認識は正確で、一三億人のインド国民ひとりひとりを明確に特定できる。しかも、これはまだ前触れで、今後ＡＩがさらに進歩すれば、よりいっそうの便利さが得られるだろう。
音声認識や顔認識、その他同様のアプリケーションには、汎化機械学習という技法が使われている。その仕組みは、人間の目の使い方に似ている。人間の脳の「視覚」をつかさどる部分は、網膜から入ってくる情報を統合するが、そのあいだにはいくつもの処理段階がある。一連の処理層が縦線や横線や鋭角などを特定し、各層が「下」の層から送られてくる情報を処理すると、その結果をまた次の層へ送るのだ。★8
機械学習の基本的なコンセプトは一九八〇年代にさかのぼる。当時の重要な先駆者が、イギリス系カナダ人のジェフリー・ヒントンだ。しかし、その応用が本当の意味で「始まった」のは二〇年後、ムーアの法則——コンピューターの速度は二年ごとに倍加する——を着実に実行していった結果として、マシンの処理速度が一〇〇〇倍になったときだった。コンピューターは「力まかせ（ブルートフォース）」方式を使う。たとえば欧州連合の多言語文書を何百万枚と読み込むことで、言語の翻訳を学習する

(途中でまったく飽きもせず！)。さまざまな視点から写された画像を何百万枚と「ばりばり咀嚼《クランチング》」するように高速処理することで、犬や猫や人間の顔を見分けることを学習する。

心躍る進歩の先頭に立ってきたのが、現在ではグーグルの傘下にあるロンドンの会社ディープマインドである。共同創業者で現ＣＥＯのデミス・ハサビスは、じつに早熟な経歴を持つ。一三歳のときにチェスの同年代カテゴリーの世界第二位となり、一五歳でケンブリッジ大学への入学資格を取ったが、入学を二年遅らせて、そのあいだにコンピューターゲームの仕事に携わり、大ヒットゲームとなる「テーマパーク」の考案にも関わった。ケンブリッジでコンピューター科学を学んだあとは、自らコンピューターゲームの会社を起業した。その後、ふたたび学問の世界に戻ってユニバーシティ・カレッジ・ロンドンで博士号を取得し、認知神経科学のポスドク研究員を務めた。研究対象は、エピソード記憶の性質、および人間の一群の脳細胞をどう機械の神経回路網でシミュレートするかだった。

二〇一六年、ディープマインドはひとつの偉業を達成した。同社の開発したコンピューターが囲碁の世界王者に勝利したのである。すでに二〇年以上前(一九九七年)にＩＢＭのスーパーコンピューター「ディープ・ブルー」が当時のチェスの世界チャンピオン、ガルリ・カスパロフを倒していたことを考えれば、とりたてて「重大事」には見えないかもしれない。だが、これは慣用句的な意味でも文字どおりの意味でも「大変革《ゲームチェンジ》」だったのだ。ディープ・ブルーはチェスの専門家によってプログラムされていた。対照的に、ディープマインドの「AlphaGo（アルファ碁）」は膨大な数の対局を吸収し、自ら碁を打つことによって、専門知識を獲得した。マシンが対局中にどのように判断をくだすかは設計者も知らない。そして二〇一七年、AlphaGo はもう一歩前進した。ただルールだけを与えられて――実際の試合運びは何も教えられないまま――完全にゼロから学習した状態で、その日のうちにワールドクラスになってしまったのである。これは驚愕すべきことだ。この偉業について述べた科学論文は、次のような考えで締めくくられている。

人類は囲碁の知識を、数千年のあいだに何百万回と行われてきた対局から蓄積してきた。そしてそれらの集合的な知識から精選されたものがパターンになり、教訓になり、本になってきた。しかし AlphaGo は数日のうちに、まったくの白紙の状態から、そうした囲碁の知識のほとんどを再発見することができたのみならず、この最古のゲームに新たな知見をもたらす斬新な戦略まで見いだしたのである。★9

このマシンは同様の技法を用いて、専門知識をなんら入力されることなく、チェスの能力でも数時間以内にカスパロフのレベルに達し、さらに将棋でも同じような腕前に達した。また、カーネギーメロン大学のコンピューターは、トッププロのポーカープレイヤーと同じぐらい達者にはったりと計算を駆使できるようになっている。しかしカスパロフ自身が強調するように、チェスのようなゲームにおいては人間の与える独特の「付加価値」があり、人間と機械はコンビを組むことで、それぞれが単独で達成できることを凌駕（りょうが）できるのだという見方もある。

人間に対するＡＩの優位性は、大量のデータを解析する能力と、複雑な入力を迅速に操作して対応する能力にある。送電網や都市交通のような入り組んだネットワークを最適化するのはＡＩの得意技だ。グーグルによれば、同社の膨大なデータ貯蔵のエネルギー管理を機械に任せたことで、エネルギーが四〇パーセント節約されたという。だが、それでもやはり限界はある。AlphaGo の基本ハードウェアは数百キロワットの電力を食っていた。対照的に、AlphaGo と勝負した韓国の囲碁棋士イ・セドルの脳は、約三〇ワット（電球と同じぐらい）を消費するだけであり、それでいてボードゲームをする以外にもたくさんのことができる。

センサー技術、音声認識、情報検索などの分野は、急速に進歩している。同様に（それらよりかなり遅れてはいるものの）向上しているのが、身体的な器用さだ。ロボットは、本物のチェス盤で駒を動かしたり、靴ひもを結んだり、足の爪を切ったりといった動作において、まだまだ子供よりぎこちない。それでも著しく進歩はしている。二〇一七年、アメリカのロボット開発企業ボストン・ダイナミクスは、見かけの怖い、「ハンドル」という名のロボットの実演を行なった（その前の四足ロボット「ビッグドッグ」の後継だ）。二本の足に車輪がついていて、後方宙返りができるぐらいの機敏さがある。とはいえ、機械が人間の体操選手を上回るまでには――というよりも、木から木へと飛び移るサルやリスのような機敏さで現実世界と渡りあうには――しばらく時間がかかりそうだ。ましてや機械は、人間の全体的な多芸さも獲得していない。

機械学習は、つねに向上を続けるコンピューターの大量演算能力によって実現したものであり、将来的にとてつもない大躍進となる可能性を秘めている。自ら学習をすることで、機械は詳細なプログラムを組み込まれなくても専門知識を――ゲームに限らず、顔認識、言語翻訳、ネットワーク管理などについても――獲得できるのだ。しかしながら人間社会との関わりで見ると、これが意味するところにはなかなか複雑なものがある。機械がどうやってある判断にいたるかを正確に知っている「オペレーター」はいない。ＡＩシステムのソフトウェアに「バグ」があっても、今のところ、それを必ず突きとめられる保証はない。となれば、世の中に不安が生じるのは必至だろう。システムの「判断」が個人にゆゆしい影響を及ぼす可能性がないとは言いきれないのだから。たとえば私たちが有罪判決を受けて服役を言い渡されるとか、手術を勧められるとか、あるいは低い信用格付けを与えられるとかした場合、私たちはその理由を知れてしかるべきだと思うだろう――そしてもちろん、その理由に異論を唱えられてしかるべきだとも思うはずである。もしそのような判断が完全にアルゴリズムに委任されてしまったならば、それを不安に思うのは当然の権利だ。たとえ人間をさしおいての機械の判断が、人間のくだす判断よりも平均的には適切なのだと強い証拠をもって説得されたとしてもである。

ＡＩシステムの取り込みは、人間の毎日の生活に影響を及ぼす。そして今後、ＡＩシステムはますます社会のいたるところに侵入してくるだろう。私たちの行動や、他人との交流や、健康状態や、金融取引など、そうしたすべてについての記録が「クラウド」に蓄積されて、準独占状態の多国籍企業に管理される。データはよい目的で使われるかもしれないが（たとえば医学研究のため、あるいは初期段階の健康リスクを本人に警告するため）、インターネット企業がそれらのデータに手を伸ばせる現在、すでにパワーバランスは官から民に傾きつつある。実際、今の雇用主は個々の従業員のことを、従来のどんな専制君主的な、どんな「コントロールフリーク」の上司よりもはるかに立ち入って監視できる。プライバシーに関する心配はそれだけではない。たとえばレストランや公共交通機関でたまたまあなたの隣に座った見知らぬ人が、顔認識を通じてあなたの身元を知り、あなたのプライバシーに立ち入ってきたら、あなたはそれを受け流せるだろうか？　あるいはあなたの「フェイク」ビデオのそっくり度が向上しすぎて、もはや視覚的な証拠などまったく信頼できないものになるとしたら？

2・3　私たちの仕事はどうなるか

すでに私たちの生活パターン――情報や娯楽や社会ネットワークへの接し方――は、二〇年前には想像もしなかったほどまで変わってきた。それでもまだAIなどは推進派に言わせると「赤ちゃん段階」で、今後数十年でもっと成長するはずだと期待されている。当然、仕事の性質にも猛烈な変化が訪れるだろう。仕事は単に収入をもたらすだけでなく、私たちの人生や私たちの社会に大なり小なりの意味をもたらすものでもある。となれば、真っ先に考えるべき重要な社会的、経済的な問題は、この「新しい機械の時代」がかつての破壊的なテクノロジー――たとえば鉄道や電化――の登場時と同じように、壊した分だけ新しい仕事を生むのかどうか、それとも今回はまったく違ったケースになるのかということである。

過去一〇年間で、欧州と北米の未熟練労働者の実質賃金は低下した。雇用保障も同様だ。にもかかわらず、それを相殺するひとつの要因が、これまでになく大きな主観的幸福をもたらしてきた。ますます浸透するデジタル世界がもたらす消費者余剰である。スマートフォンやノートパソコンの性能は大きく向上した。私はインターネットにアクセスすることに自動車を所有することよりずっと大きな価値を置いているし、それでいてネットは車よりずっと安い。

いずれ機械が製造や小売流通の仕事のほとんどを肩代わりしてしまうのは明らかだろう。ホワイトカラーの仕事でさえ、機械に代えられるものはたくさんある。定型的な法律業務（不動産譲渡など）、会計業務、コンピューターコーディング、医療診断、ともすれば外科手術だって任せられる。そして多くの「プロフェッショナル」が、苦労して獲得した自分の技能に対する需要がいつのまにか少なくなっていることに気づかされる。しかし一方で、一部のサービス部門の熟練業務――配管工事や園芸業など――には外の世界との非定型的な関わりが求められるから、それらは自動化が最も難しい仕事のひとつになる。よく挙げられる例を使うなら、アメリカの三〇〇万人のトラック運転手の仕事はどれだけ安泰でいられるだろう？

自動運転の乗り物は、それ専用の道路を用意されている限られた区域なら、すぐにでも受け入れられるかもしれない。たとえば都市中心部の指定区域とか、高速道路の専用車線などだ。あるいは無人運転の乗り物も、農場での耕起や収穫に使うなど、公道以外のところで操作する分にはかまわないかもしれない。しかし、通常の運転にともなうあらゆる複雑な状況を前にして、自動運転車両がつねに安全に運転できるかとなると、これには大いに疑問が残る。自動運転車両は曲がりくねった細い道を進んでいけるのか。人間が運転するほかの車両や二輪車や歩行者といっしょになって都市の道路を走行できるのか。私はきっとこれには世間の抵抗があると思う。

完全自動運転の車両がいずれ人間の運転する自動車より安全になることはあるのだろうか。何か物体が道路の前方をふさいでいたときに、自動運転車両はそれが紙袋なのか、犬なのか、人間の子供なのかを見分けられるようになるのだろうか。とりあえず言われているのは、それを間違いなく判別することはできなくても、平均的な人間の運転手よりも正しく判別することはできるようになる、ということだ。まさか、と思うだろうか。しかし一部の人々はそう主張する。道路を走る自動車と自動車がワイヤレスで接続されていれば、経験を伝えあうことによって、より速く事態を察知できる。

一方で、最初から危険のないイノベーションなどほとんどないことも忘れてはならない。鉄道にしろ外科手術にしろ、今でこそ日常に溶け込んでいるが、その初期にはやはり危険がつきものだったのだ。道路上の安全に関してなら、イギリスの例で数字を示そう。一九三〇年、イギリスの道路を走っている自動車がわずか一〇〇万台だったころ、自動車事故による死者数は七〇〇〇人を超えていた。そして二〇一七年現在、死亡者数は約一七〇〇人――約四分の一の減少だ。しかし自動車台数は一九三〇年当時の約三〇倍に増えているのである。[★10] この減少傾向は、部分的には道路の改善によるものだが、それよりも大きな理由は自動車がより安全になったからで、さらに近年では、衛星ナビゲーションシステムなどの電子装置が補助してくれているからでもある。この傾向は今後も続いて、運転をより安全に、より簡単にしてくれるだろう。それでも完全自動運転の車両がほかのさまざまな車両と通常の道路を共有するというのは、まさに分岐点となるような一大変化だ。その移行がはたして可能なのか、世の中に受け入れられるのか、懐疑的になったとしてもしかたあるまい。

トラックや乗用車の運転手がお役御免になるのは、まだ遠い先の話かもしれない。一方、似たような例として、民間航空機の現状を見てみよう。かつて飛行機移動は危険なことだったが、今では驚くほど安全だ。二〇一七年の一年間、全世界の定期便運行で、死者はひとりも出ていない。ほとんどの飛行機は自動操縦になっており、実物の操縦士が必要になるのは緊急事態のときだけだ。しかし不安なのは、そのいざというときに、実物の操縦士の備えができていないかもしれないということである。二〇〇九年、ブラジルのリオデジャネイロからパリに向かっていたエールフランスの航空機が南大西洋に墜落した。この事故に不安の一端が実証されている。緊急事態に陥ったときに操縦士がなかなか制御を復旧させられず、しかも誤った操作をしたために、問題をさらに悪化させたのだ。これとは別に、操縦士の自殺行為によって実際に破滅的な墜落が起こったこともある。この手の事故は自動操縦では防げない。世の人々は、操縦士がひとりも乗っていない飛行機に安心して搭乗するようになるだろうか? 疑わしい、と私は思う。しかし貨物の空輸なら、無人操縦の飛行機もありえるかもしれない。小型の配達ドローンなどはかなり将来有望だ。実際にシンガポールでは、地上を走る配達車両から、道路の上を飛ぶドローンへの入れ替えが計画されている。しかしこれらに対しても、衝突の危険性に対する現状の関心はあまりにも薄い。とくにそれらの数が増えてきた場合、リスクはいっそう大きくなるだろう。普通の自動車に関しても、ソフトウェアの誤作動や、サイバー攻撃の可能性がないとは言えない。つねに最新に切り替わっていく車内搭載のソフトウェアやセキュリティシステムも、実際にはハッキングできるものであることがすでに目の当たりにされている。私たちは本当にブレーキやハンドルをハッキングから守りきれるのか？

　無人自動車の利点としてよく引き合いに出されるのは、車を所有しなくてもレンタルやシェアで済まされるようになるということだ。そうなれば、都市の内部で必要とされる駐車スペースの総面積も減る。そして公共輸送と自家輸送の線引きはあいまいになる。だが、どうなるかわからないのは、これがどこまで発展するかだ。人が自分の車を持ちたがる気持ちは本当に消えてしまうのか。もし無人乗用車が流行すれば、自動車移動はいっきに活気づき、逆に伝統的な列車移動は下火になるだろう。ヨーロッパの多くの人は、三〇〇キロ以上の旅をするなら列車を好む。自分で車を運転するよりもストレスが少ないし、仕事をしたり本を読んだりする時間もできる。しかし、旅の全行程を任せられる「お抱え電子運転手」を持てたなら、多くの人は自動車移動を選んでドアツードアのサービスを受けるだろう。そうなったら、長距離列車路線の需要は減る。しかし同時に、まったく新しい形態の輸送を発明しようとする動機は生じるだろう。都市間ハイパー環状線なども生まれるかもしれない。もちろん何より望ましいのは、遊び以外での移動を不要にするような高性能遠隔通信が実現することである。

　デジタル革命は、少数の選ばれたイノベーターとグローバル企業に莫大な富をもたらした。しかし健全な社会を維持するためには、その富を再分配することが必要になる。そこで、最低所得保障を用意するためにその富を使おうという話が出る。これを実行しようにも障害があることはよくわかっているし、社会的な不都合も恐ろしく大きい。それよりも、現時点でまったく需要が満たされていない仕事、報酬と地位が不当に低い仕事に、助成金を支給するほうがはるかによい。

金銭的に制約のない人々がどういう金の使い方をするかを観察するのはたいへん勉強になる（ときに困惑もするが）。裕福な人は個人向けサービスに価値を見る。彼らは個人トレーナーを雇い、ベビーシッターを雇い、執事を雇う。高齢者であれば介護人を雇う。進歩的な政府と見なしうる基準は、最も暮らし向きのよい人々――すなわち現在、最も自由に選択ができる人々――が欲しがるような支援を全員に提供できることだろう。思いやりのある社会を築くには、世話や介護の役割を担っている人々の数と地位を大幅に上げる施策が必要になる。現時点ではその数があまりにも少なすぎる。そして裕福な国においてさえ、介護職の報酬は安く、その立場は不安定だ（もちろん、定型的な世話の一部はロボットが引き継げる。むしろ基本的な洗濯や、食事の世話、排泄（はいせつ）の世話などは、自動人形にやってもらったほうが気が楽かもしれない。しかしできることならば、本物の人間からも関心を向けてもらいたいと思うのが人情だろう）。そのほかにも、私たちの暮らしをよりよくする仕事、もっと多くの人に雇用を提供できるやりがいのある仕事はいろいろある。たとえば公園の園丁や、守衛などもそのひとつだ。

人間の世話を必要とするのは幼児や高齢者ばかりではない。行政機関とのやりとりも含め、あまりにも多くのことがインターネット経由でなされる時代、たとえば一人暮らしをしている障害者のことを心配するのは当然だろう。彼らは正当な公的扶助を要求するためや、基本的な食料を注文するために、オンラインでウェブサイトにアクセスすることを求められる。そこで何かがうまくいかなかったときの不安と焦燥を考えてみてほしい。コンピューターに精通した介助者がついていて、わけのわからないＩＴの対処を手伝ってくれて、困ったときは助けてもらえると信じさせてくれたとき、初めて彼らは心の平安を得られるだろう。さもないと、「デジタル弱者」は社会の新たな「底辺層」になってしまう。

誰もが社会的に有益な仕事を果たせるのなら、それはそのほうが施しを受けるよりいいだろう。しかしながら、一週間の典型的な労働時間はもっと短くしてもいい――現在のフランスの三五時間より短くてもいいぐらいだ。仕事に本質的に満足しているという人は例外的であり、ことのほか運のいい人だ。たいていの人は労働時間の短縮を歓迎するだろう。働かずにすむ時間が増えるなら、その時間を娯楽や人づきあいに費やせる。共同儀式にも参加しやすくなる――それが宗教であれ文化であれスポーツであれ。

芸術や職人芸の復活も起こるだろう。すでに「セレブ料理人」は出現している――さらにはセレブ美容師もだ。今後はほかの分野からも技能に優れた人がたくさん出てきて、その才能にふさわしい賞賛を受けるだろう。ここでもまた裕福な人々が、選択の自由を最も持てる力を生かして、労働集約的な活動の後援にたっぷりお金を費やしてくれるはずである。

定型業務も生涯キャリアも崩れてくれれば、さかんになるのは「生涯学習」だ。教室や講堂で行なわれる授業を基盤にした正規教育は、世界共通の最も硬直化した社会部門かもしれない。オンライン講座を通じての通信教育は、個人指導を受けられる寄宿制大学で学ぶ経験の代わりにはならないかもしれないが、コスト効率がよく自由度が高い学校として、典型的な「マスプロ大学」に代わるものにはなるだろう。イギリスのオープン・ユニバーシティが放送大学という形式でいち早く開始したモデルには無限の可能性がある。今ではこのモデルがアメリカのコーセラやエデックスといった教育機関を通じて全世界に広まっており、一流の学者がオンライン講座で授業をしている。そこで最高人気を得た講師はオンライン上の世界的なスターになれる。今後、こうした講座には個人向け指導も取り入れられて、その指導をますますＡＩが受け持てるようになるだろう。科学者になる人がよく言うのだが、彼らの最初のモチベーションは、教室内の授業ではなくウェブやメディアによって培われたという。

自動化が進んだ世界での生活様式はよさそうに思える――そそられると言ってもいい――し、基本的には、北欧レベルの満足を欧州と北米に行き渡らせるだろう。しかしながら昨今は、そうした恵まれた国の国民と、世界の不遇な地域との隔絶がますます薄まっている。ＩＴやメディアを通じて世界中の貧しい人々が自分たちにないものをずっとよく自覚できるようになっているこの時代、国際間の不平等が緩和されないかぎり、恨みや憤りといった感情や、世界情勢の不安定さはますます激烈になるだろう。技術の進歩は国際関係の崩壊を増幅することもできるのだ。さらに、裕福な国が製造業を自国内で支えることがロボット工学の発達によって経済的に可能にでもなれば、かつてアジアの「虎」たちが欧米よりも安い人件費を提供することによって受けられたような一時的ではあっても決定的な開発の後押しが、アフリカや中東のさらに貧しい国には得られないものになり、不平等をいっそう持続させることになってしまうだろう。

また、移住の性質も変わってきた。一〇〇年前、ヨーロッパやアジアの個人が北米やオーストラリアに移ることを決意したならば、その時点で故郷の文化や拡大家族との絆を断ち切らなくてはならなかった。したがって、是が非でも新しい社会に溶け込まなければという意欲も強かった。しかし今では、移住先からでもビデオ通話やソーシャルメディアを介して毎日連絡がとれるから、もし望むなら、いつまででも故郷の文化に根づいていられる。加えて、大陸間移動もそれほど高価ではなくなっているから、直接的な交流を持続させることも難しくない。

愛国心や信仰心と、それにもとづいた不和はそう簡単には消えないだろう（むしろインターネットの反響効果によって増強される恐れすらある）が、ともあれ社会の移動性は高まり、「場所」に対する思い入れは薄まっていくだろう。テクノクラシー世界のノマドは今後ますます数が増えていく。貧しい人々は「お金の動きについていく」ことが何よりの希望だと見て、合法的にも非合法的にも外国に移住する。国際緊張はますます高まるだろう。

もしも現在、イデオロギーの対立や、不当な不平等に気づかされたことによって生じる紛争のリスクが実際に高まったとすれば、その結果はいっそう深刻になりうる。今や新しいテクノロジーが戦争やテロにも重大な効果を及ぼせるからだ。少なくとも過去一〇年間、テレビのニュースは繰り返し中東の標的に撃ち込まれるドローンやロケットの様子を報じてきた。それらの兵器はアメリカ本土の軍事基地から制御される。これを操作する個人は、上空から爆弾を落とす爆撃機乗組員よりもさらに遠く自分の行動の結果から離れていられる。そうした行為がもよおさせる倫理的な吐き気も、標的設定の精度が上がっているから巻き添え被害は少ないという主張でいくぶん緩和される。しかし少なくとも、その「中枢」には、いつ何を攻撃するかを決定する人間がいる。対照的に、今後は自ら標的を探索できる自律型兵器が主流になる可能性がある。そいつは顔認識を利用して個人を特定し、そして殺害するのだ。これは自動戦争の前触れなのかもしれない――なんとも深い懸念を生じさせる展開である。近いうちに実現可能と考えられるのは、自動機関銃、ドローン、そして自ら標的を特定し、弾を発射するかどうかを判断し、経験とともに学習していくことのできる装甲車や潜水艦だ。

「キラーロボット」についての懸念は高まっている。二〇一七年八月、ＡＩ分野の主要一〇〇社のトップが、「自律型致死兵器」の法的禁止を国連に求める公開書簡に署名した。化学兵器と生物兵器の使用が国際協定で制限されているのを踏襲しようとしたかたちだ。[★11] 署名者たちが懸念したのは、電子戦場が「かつてない規模の大きさ、人間の理解できる範囲を超えた時間尺度の速さ」にいたることである。こうした協定にどれほどの効力があるのかはわからない。生物兵器の場合と同じように、各国はこれらのテクノロジーを「防衛」目的という名目で追求するかもしれない。その背景には、ならず者国家や過激派グループがこの種の開発に委細かまわず先んじてしまうのではないかという恐れがあるのだ。

これらは短期的な視点での懸念で、そこで重要となるテクノロジーはすでにわかっている。だが、もっと遠い未来についてはどうなのだろう。次はそれを考えてみよう。

2・4 人間レベルの知能はありえるか

前項で論じたシナリオは、それに対して必要な計画を立てて順応できるぐらいには近い未来の話である。だが、もっと長期的に見た場合はどうなのか。当然ながら展望はあいまいになり、機械の知能がどれだけ速く進歩するのか、そもそもＡＩにとっての限界とは何なのかについて、専門家のあいだでも一致した見解は出ていない。インターネットに接続されたＡＩが株式市場で「ひとり勝ち」できるだろうというのは、たしかにありそうな話だ。ＡＩならばどんな人間よりもはるかに速く、はるかに多くのデータを分析できるのだから。程度の差はあれど、まさにそれこそ定量的手法をとるヘッジファンドがやっていることである。しかし、相手にするのが人間であるなら、あるいは人間でなくても、たとえば無人自動車が普通の道路で遭遇するような複雑でめまぐるしく変化する環境であるなら、処理能力の不足が問題になる。コンピューターには人間と同じぐらいの視覚能力と聴覚能力を備えたセンサーと、そのセンサーが中継する情報を処理して解釈するソフトウェアが必要になるだろう。

だが、それでもまだ十分ではない。コンピューターは、同じような活動を反復する「トレーニングセット」から学習する。そこでは成功に対して即座に報酬が与えられ、それによって成功経験が強化される。ゲーム用コンピューターなら何百万回とゲームをするし、写真判読用のコンピューターなら何百万枚もの画像を精査することで経験を得る。無人自動車がこの専門性を獲得するには、自動車どうしで相互コミュニケーションをとり、持っている知識を共有してアップデートすることが必要になる。しかし人間行動を学習しようとするならば、現実の人間が現実の自宅や現実の職場にいるところを観察しなくてはならない。機械は現実世界の時間の流れのあまりの遅さに感覚的な喪失を覚え、困惑しきりとなるだろう。ＡＩ理論の代表的な研究者であるスチュワート・ラッセルはこう言っている。「あらゆる種類のことをやってみることはできる。卵をかきまぜる。積み木を組み立てる。針金を噛む。コンセントに指を突っ込む。しかし何をやっても、十分に強いフィードバックループが起こらないから、コンピューターは自分が正しい過程を踏んでいると確信できず、したがって次の必要なアクションを起こすこともできない[★12]」

この障壁が乗り越えられたとき、初めてＡＩは本当の意味で知能を持った存在だと認められるだろう。そのとき初めて私たちはそれ（あるいは彼・彼女）に対して、少なくともいくつかの面で、ほかの人間に対するのと同じような共感を持つことができる。それでいて彼らの「思考」と反応は人間よりもはるかに速いから、そこに彼らの優位性がある。

一部の科学者は、コンピューターが「自分自身の心」を発達させて、人類に敵対的な目標を追求する可能性もあるのではないかという恐れを持っている。強力な先進的ＡＩは、いつまでも従順でいてくれるのか、それとも「ならず者化」してしまうのか。人間の目標や動機を理解して、それに協調してくれるのか。倫理や常識を十分に学習して、どんなときに別の動機よりもそちらを優先させなければならないかを「知る」ようになれるのか。ＡＩがモノのインターネット（IoT）にひとたび浸透したなら、ＡＩは世界中を操作できるだろう。そのときのＡＩの目標は人間の望みと相反するかもしれないし、人間を邪魔者として扱うことすらあるかもしれない。ＡＩが「目標」を持つのは間違いないにしろ、ＡＩに教え込むのが本当に難しいのは「常識」だ。目標をむやみに追求するべきではなく、倫理的な規範を破るぐらいなら目標追求をやめるべきであるということを、ＡＩ

はわかってくれるのだろうか。

コンピューターは数学的技能をとてつもなく高めるだろうし、おそらくは創造性さえも高めるだろう。すでに現代のスマートフォンは、日常の決まりきった事柄をわざわざ人間が記憶しなくてもいいようにしてくれているし、世界中の情報にもほぼ即座にアクセスさせてくれる。遠からずして異言語間の翻訳もありふれた作業になるだろう。次の段階は、追加の記憶装置を「プラグイン」することや、脳への直接入力によって言語技能を獲得することかもしれない——そんなことが実際にできるのかどうかは不明だが。人間の脳を埋め込み電子回路で増補できるものなら、人間の思考や記憶を機械にダウンロードすることだって可能なのかもしれない。もし現在の技術のトレンドがこのまま進むようなら、今生きている人間の何人かが不死を獲得することだってありえるだろう——少なくとも、ダウンロードされた思考と記憶が現世の肉体にとらわれない寿命を持てるという限られた意味においてなら。この種の永遠の命を求める人は、古臭い心霊術師の言いぐさを借りるなら、「あちら側に渡る」ことになるわけだ。

ここで、個人のアイデンティティという古くからの哲学的な問題にぶつかる。あなたの脳が機械にダウンロードされたとしたら、それはどういう意味でいまだ「あなた」だと言えるのか。そこでもしあなたの肉体が破壊されても、あなたは平気でいるべきなのだろうか。その「あなた」から、いくつかの「クローン」が作られたらどうなるのだろう。あるいは人間の存在には感覚器官への情報入力と、現実の外界との物理的な相互作用が不可欠なので、このような移行は忌まわしいばかりか、そもそもありえないことになるのだろうか。これらは哲学者向けの古典的な難問だが、倫理観を持った実際家も、まもなくこれらの問いに取り組む必要が出てくるかもしれない。ひょっとするとこれらに関係する選択を、現実の人間は今世紀中にも行なうことになるからだ。

こうした二〇五〇年以降のあらゆる推論に関しては、実際に起こるかもしれないこととサイエンスフィクションにとどまることとの境界線がどこにあるのかわからない——子供によるバイオハッキングというフリーマン・ダイソンの想像をまじめに受け取っていいのかどうかわからないのと同じようにだ。見解は大きく分かれている。専門家のあいだでも、たとえばカリフォルニア大学バークレー校のスチュワート・ラッセルや、ディープマインド社のデミス・ハサビスなどは、合成バイオテクノロジーと同様、すでにＡＩ分野も「責任あるイノベーション」のためのガイドラインが必要な状態だと考えている。実際、AlphaGo が製作者たちの想定よりも数年早く目標に達したのを目の当たりにしたディープマインドのスタッフは、進歩の速さに関してますます確信を深めている。しかし一方、ロボット研究者のロドニー・ブルックス（産業用ロボット「バクスター」やロボット掃除機「ルンバ」の生みの親）などは、そのような懸念が現実になるのはまずありえないから心配する必要はないとの見方をとる。こうした人々からすれば、人工知能よりも現実の愚行のほうがよほど心配なのだ。グーグルなどの企業は、学術界とも行政府とも密接に連携して、ＡＩ研究を主導している。

これらの部門は声をそろえて「丈夫で有益」なＡＩの振興が必要だと強調するが、実際にＡＩが研究段階を抜けて、グローバル企業にとっての巨大な金づるになる可能性が出てきたら、そのときこそ対立があらわになるかもしれない。

だが、もしもＡＩシステムが、人間が持っているのと同じような意味での意識的な思考を持ったとしたら？　コンピューター科学の分野を切り開いたエドガー・ダイクストラの見方に沿えば、そんなことは考えるまでもない。「機械が思考を持てるかどうかという問いは、潜水艦が泳げるかどうかという問いと同じぐらいの意味しかない」。クジラと潜水艦はどちらも水を切って前進するが、両者の進み方は原理的に違うのだ。しかし多くの人からすると、知能を持った機械が自意識を持つかどうかはたいへんな問題になる。私たち人間の脳内にある「湿った（ウェット）」ハードウェアを持っていない電子的な存在に未来の進化が支配されるようになるというシナリオ（3・4の項を参照）に即すなら、自分がいる世界の驚異に感嘆したり、外の世界を「感知」したりといった、人間が普通にできることもできない「ゾンビ」に人間が能力で上回られるなど、これほどへこむこともないだろう。しかしいずれにしても、自律型ロボットによって社会が変質するのは時間の問題だ。人間が本物の理解と呼ぶものをはたしてロボットが持つのかどうか、それともロボットはあくまでも――遂行能力はあっても理解力はない――「馬鹿な下僕」であるのかどうかについては、いまだ判定がくだされていないとしても。

十分に万能なスーパーインテリジェントロボットは、わざわざ人間が発明するまでもない最たるものかもしれない。ひとたび機械の知能が人間を上回ってしまえば、あとはその機械がひとりで新世代のもっと賢い機械を設計し、組み立ててくれるだろう。現代の物理学者を困惑させる空論科学の「主要産物」のいくつか――タイムトラベルやスペースワープなど――も、その新しい機械が活用してくれるかもしれない。そして世界を物理的に変質させるのだ。レイ・カーツワイル（人体冷凍保存に関連して2・1の項で前述）は、そうなったら知能の進歩は爆発的に飛躍する、と言っている。いわゆる「特異点（シンギュラリティ）」を迎えるということだ。[★13]

ともあれ、いずれ機械が人間ならではの能力の大半を上回ることに疑いを持つ人はほとんどいない。見解が分かれるのは進み具合の速さについてで、方向に関してはほとんど一致だ。熱烈なＡＩ信者が正しかったなら、生身の人間が超越されるのはわずか数十年後かもしれないし、あるいは何百年も先なのかもしれない。しかしそうだとしても、人類が出現するまでの恐ろしく長い進化の年月に比べれば、数百年など一瞬に等しい。これはなにも、あきらめの境地のような見方ではない。むしろ楽観を呼ぶ見方である。私たちに取って代わる文明は、想像もつかないような進歩を果たしてくれるかもしれない――おそらくその偉業を私たちは理解もできないだろうけれども。地球の先で展開されるその未来については、第3章であらためて見ていこう。

2・5　真に存亡に関わるリスクとは

今やこの世界は、精巧なネットワークへの依存をますます強めている。電力網、航空交通管制、国際金融、世界中に分散した製造業、その他もろもろだ。これらのネットワークは、何か支障があってもすぐに復旧できることが必要で、さもなければ利点をすべてふいにするような壊滅的な機能停止が（めったにないとはいえ）待っている――二〇〇八年の金融危機と同様のことが現実世界で起こってしまうのだ。都市は電気がなければ麻痺(まひ)状態になる。照明も消えるが、それだけならまだ深刻には程遠い。数日のうちに都市には人が住めなくなって、無政府状態になるだろう。飛行機移動はパンデミックをわずか数日で世界中に拡大し、統制が外れた発展途上世界のメガシティを大混乱に叩き込む。そしてソーシャルメディアはそれこそ光の速さでパニックを拡散し、根も葉もない噂を伝え、経済的な感染をいっきに広めてしまうだろう。

バイオテクノロジー、ロボット工学、サイバーテクノロジー、ＡＩ――こうしたもろもろの威力を認識すれば、この力がもしも誤って使われたなら、と考えたとき、不安を覚えずにはいられない。「文明」が崩れ、果ては消滅したときのエピソードなら、歴史記録がいくらでも明らかにしてくれる。しかし、この相互連結が極まった世界では、あるところを大惨事が襲ったときに、その影響がなだれのように全世界に及ばずにいられるなんてことは考えにくい。私たちは今、史上初めて、まさしく世界的に文明を敗北させる崩壊のことを――社会的なものであれ経済的なものであれ――真剣に考える必要に迫られている。その敗北は一時的なものかもしれない。しかし一方、その痛手があまりにも圧倒的で（そしてあまりにもひどい環境悪化と遺伝子損傷を招いたために）、生存者が二度と文明を現在の水準まで復興できない可能性もないではない。

だが、そこからまたひとつの疑問も生じる。私たち全員にとっての「幕引き」となるような別次元の極端な事象――全人類どころか全生命までも滅ぼしてしまうようなカタストロフ――もありえるのだろうか？　第二次世界大戦中にマンハッタン計画に従事していた物理学者たちが、まさにこうしたプロメテウスの火（ギリシャ神話のプロメテウスの逸話から、強大でリスクの大きい科学技術の暗喩として用いられる）のような問題を突きつけた。彼らは確信できていたのだろうか――一度の核爆発でこの世界の空と海がすべて燃やし尽くされるようなことには絶対にならないと。一九四五年のトリニティ実験（ニューメキシコ州で行なわれた史上初の核実験）の前に、エドワード・テラーと二人の同僚がこの問題に取り組んだ。そのときの計算がロスアラモス研究所から（ずっとあとになって）公表されている。彼らは大きな安全因子があることを自分たちに納得させていた。そして幸い、彼らは正しかった。今では確実にわかっているが、一個の核兵器にどれだけ圧倒的な破壊力があろうとも、それだけで地球やその大気圏をまるごと破壊するような核分裂連鎖反応を引き起こすことは不可能である。

　しかし、これよりさらに極端な実験についてはどうなのか。物理学者はこの世界を構成している粒子と、その粒子を支配している力を理解することをめざしている。そのためには最も極端なエネルギーと、圧力と、温度に探りを入れなくてはならない。そこで物理学者は巨大かつ精巧な機械を建設した。粒子加速器である。エネルギーの極度の集中を生み出すのに最適な方法は、原子をとてつもない――光速に近い――速度まで加速させ、互いに衝突させることだ。二個の原子が衝突すると、それぞれの構成要素である陽子と中性子が押しつぶされて、通常の原子核に収まっているときよりはるかに大きな密度と圧力に達し、それらの構成要素であるクォークを叩き出す。そのクォークがさらにまた小さな粒子に分裂することもある。この状態が、いわばビッグバンから最初のナノ秒のあいだに広がっていた状態を小宇宙で再現したものだ。

　こうした実験が、もっととんでもなく悪いことをしでかすのではないかと心配した科学者もいた。つまり地球を破壊し、最悪なら宇宙全体を滅ぼしかねないのでは、ということだ。たとえばブラックホールが形成されて、その周囲のものがすべてそこに吸い込まれてしまうかもしれない。アインシュタインの相対性理論にしたがえば、考えうるかぎり最小のブラックホールでも、その形成に必要とされるエネルギーは粒子の衝突で生じうるエネルギーよりもはるかに大きい。しかし一部の理論家は、私たちの通常の三次元空間とは別にある余剰空間次元を持ち出してくる。これが出てくると重力の支配が強まるから、微小な物体が押しつぶされてブラックホールになるのもさほど無理ではなくなる。

考えられる第二の恐ろしい事態は、クォークが再結集してストレンジレットと呼ばれる圧縮した物体になることだ。ストレンジレットは、それ自体は無害なものだろう。しかし、いくつかの仮説のもとでは、ストレンジレットにぶつかったものはすべて新しい種類の物質に変換されることになっている。その結果、地球全体が直径一〇〇メートルほどの超高密度の球に変化してしまうのである。

原子衝突実験から生じうる第三のリスクは、さらに奇妙なもので、潜在的には前述のどれよりも恐ろしい。なにしろ空間そのものを飲み込んでしまうカタストロフだ。空っぽの空間――物理学で言うところの「真空」――は、ただの何もないところではまったくない。そこは起こりうることがすべて起こる場所なのだ。隠れてはいるが、この物理世界を支配するすべての力とすべての粒子がそこにある。真空は宇宙の運命を左右するダークエネルギーの貯蔵庫である。水が氷と液体と蒸気の三つの相で存在するように、空間もいくつかの異なる「相」で存在している可能性がある。そして現在の真空は、壊れやすい不安定な状態なのかもしれないのだ。先ほどの水の例で言うならば、これは「過冷却」された水である。十分に純度が高く、平静な状態にある水は、通常の氷点より下の温度まで冷えることができる。ただし、局所的にわずかな乱れを与えられただけで――たとえば一片の塵(ちり)が落とされるとか——過冷却された水はたちまち氷へと転移させられる。同じように、粒子と粒子の衝突によって生じた集中的なエネルギーは、空間の素地を引き裂く「相転移」を引き起こすことができるという仮説がある。もしそうならば、これは地球のみならず、宇宙全体を巻き込む大惨事だ。

安心できることを言っておくと、現在のところ最も賛意を集めている仮説にしたがえば、現時点での可能な出力の範囲内でできる実験から生じるリスクは、ゼロである。しかしながら物理学者というのは、現在わかっているすべてのことと矛盾しない、したがって完全に排除することはできない別の仮説を思いつける（そして、そのための方程式を記述できる）ものだから、先のようなカタストロフのどれかが絶対に起こらないとも限らない。こうした別の仮説は主流ではないかもしれないが、突拍子もなさすぎるから心配には及ばないと言いきってもいいものだろうか？

物理学者が（私の考えではまったく正しいことに）こうした推論的な「存亡リスク」に本気で取り組む必要に迫られたのは、ニューヨーク州のブルックヘブン国立研究所とジュネーブのCERN(セルン)（欧州原子核研究機構）に新しい強力な加速器ができあがり、前例のない高さのエネルギー集中が可能になったときである。幸い、心配はなさそうだった。実際、私は「宇宙線」——加速器で生成できるよりずっと高いエネルギーを持った粒子——が銀河内で頻繁に衝突していても空間は引き裂かれていないことを指摘した人々のひとりである[★14]。また、宇宙線はきわめて高密度の恒星を突き抜けてもいるが、それらの星がストレンジレットに変質したこともない。

では、私たちはどれほどリスク嫌いになるべきなのだろう。存亡に関わる惨事の確率が一〇〇〇万分の一ならいい、という人もいるだろう。これは全世界を破壊できるほど大きな小惑星が来年のうちに地球に衝突する可能性よりもさらに低い確率だからだ（これはたとえるなら、人工放射線に余分な発がん効果があるとしても、そこらの岩にあるラドンなどから発する自然放射線のもたらすリスクの二倍までいかなければよしとする、というようなものだ）。しかし人によっては、この限度でも厳しさが足りないと見るかもしれない。地球全体に危害が及ぶ恐れがあるのなら、世の中は当然、確率が一〇億分の一以下――いや、むしろ一兆分の一以下――であるという保証がないかぎり、そんな実験に認可を与えようとはしないだろう。しかもそれが、ただ理論物理学者の好奇心を満たすことだけが目的の実験ならなおさらだ。

しかし、そのような保証を確実に与えられるものだろうか？　明日の朝に太陽が昇らない確率ということならば、前述のような数字を言ってもいいだろう。あるいはサイコロをいかさまなしで振って一〇〇回続けて6の目が出る確率、ということでもいい。なぜなら私たちは確実にそれらのことを理解しているからだ。だが、もしも理解があやふやだったなら――物理学の最前線とは明らかにそういうものだが――何かについての確率を本当に定めることはできないし、まずありえないと自信を持って断言することもできない。前例のないエネルギーで原子をぶつけあわせたときに何が起こるかに関しては、どんな仮説に信頼を寄せるのもおこがましい。「あなたが間違っている確率は一〇億分の一以下だと、あなたは本当に言い張りますか」と、もしも議会の委員会に聞かれたら、私は気持ちよく「はい」とは言えない。

だが、もしも議員からの質問がこうだったなら――。「その実験が、たとえば新しいエネルギー源を世界にもたらすといった、そんな変革的な発見を明らかにすることもあるのですか」と聞かれた場合、私はふたたび、それはまずありそうにないという答えを返すだろう。ここで問題となるのは、この二つの起こりそうにない出来事――片方はきわめて有益で、片方はきわめて破滅的なこと――が起こりうる相対的な見込みだ。まずありえない「明るい話」――人類にとっての利益――でも、「万物の死」というシナリオと秤にかけたなら、私でも、ありえる見込みは前者のほうがずっと高いと推測するだろう。そうした考えは、ことを進めるにあたって良心の呵責を取り去ってくれる。しかし実際のところ、これらの相対的な可能性を定量化するのは不可能だ。したがって、そのようなファウスト的な契約を安心だと言って納得させられるものではないのかもしれない。イノベーションはたいてい危険をはらむものだ。しかし、リスクを引き受けなければ利益を逃すかもしれない。「予防原則」の適用には機会費用、すなわち「ノーと言った場合の隠れたコスト」がかかるのだ。

ともあれ、宇宙においてすら前例のない状態を生み出すような実験をするというのなら、物理学者は慎重に慎重を重ねてしかるべきである。同じように、生物学者は潜在的に危険の大きい遺伝子組み換え病原菌を生み出さないようにしなくてはならないし、人間の生殖細胞系に大規模な改変を加えてもならない。サイバー研究者は世界規模のインフラがなだれを打ったように壊れていくリスクをつねに留意する必要がある。先進的なＡＩの有益な活用をさらに進めようとしているイノベーターは、機械による「乗っ取り」のシナリオを回避しなくてはならない。多くの人は、これらのリスクをただのサイエンスフィクションとして片付けがちだが、賭けられているものの大きさを考えれば、これらのリスクを無視していいはずがない——たとえ起こる見込みがきわめて小さいとしてもだ。

これらの存亡に関わりかねないリスクの例は、分野の枠を越えた学際的な専門知識が必要なこと、そして専門家と一般市民との適切な相互作用が必要なことを例証してもいる。加えて、斬新なテクノロジーが確実に最適なかたちで利用されるようにするためには、各社会が長期的な、地球規模の視点でものを考えることが必要になるだろう。こうした倫理的で政治的な問題は、第5章であらためて詳しく論じることにする。

ちなみに、ものごとの優先順位は、真に存亡に関わる惨事を回避することと同調させるべきではあるが、これに関わってくるのが哲学者のデレク・パーフィットが論じてきた道徳問題だ。すなわち、まだ生まれてきていない人々の権利をどう考えるかという問題である。例として、二つのシナリオを考えてみよう。シナリオAは、人類の九〇パーセントを死滅させる。シナリオBは、一〇〇パーセントを死滅させる。さて、BはAに比べてどれほど悪い事態だろう？　ある人は、一〇パーセントだけ悪いと言うかもしれない。死体の数が一〇パーセントだけ多くなるからだ。しかしパーフィットは、Bはひょっとすると比較にならないぐらい悪いかもしれない、と主張する。なぜなら人間が絶滅するということは、未来の何億、何兆もの人間の存在があらかじめ奪われるということであり、もっと言えば、いかようにもなりうるポストヒューマンの未来が地球のはるか先に広がる可能性を排除することにもなるからだ。[★15]　このパーフィットの論に対して批判的な哲学者もいる。彼らから見れば、「可能性としての人間」に対して実際の人間に対するのと同等の重みを置くべきだ（「われわれはより多くの人々を幸せにしたいのであって、一部の人々をより幸せにしたいのではない」）という考えは否定される。実際、このようなナイーブな功利主義的主張をまじめに受け取るとしても、留意しておくべきことはある。もしも宇宙人がすでに存在していたら（3・5の項を参照）、彼らの住環境を圧迫することによって地球の拡大を図るのは、結局のところ「宇宙の満足」全体にマイナスの影響をもたらすだけかもしれないではないか！

　しかしながら、こうした「可能性としての人間」についての思考ゲームはさておいても、人間の物語に終わりがあるという展望は、現在生きている人々を悲しませるだろう。ほとんどの人は、私たちが過去の世代からどんな遺産を受け継いできたかを知っている。なればこそ、このあとに多くの世代が続くことはなさそうだと思えば、悲嘆にもくれるというものだ。

（これは、1・5の項で論じた気候対策において浮上する問題の超拡大版だ。そこでもやはり、今から一〇〇年後を生きることになる、現在まだ生まれていない人々のことをどれだけ考えるべきかが議論されている。この問題もまた、地球の人口成長に対する人々の意識に影響を及ぼしている。）

加速器実験や遺伝子操作の過ちで人類が滅びることはないほうに賭けるとしても、そうしたシナリオを「思考実験」として検討することには価値があると思う。現在のリスク一覧に列挙されているものよりはるかに恐ろしい人為的な脅威が絶対に現実にならないという保証はない。実際、未来のテクノロジーがもたらすかもしれない最悪の事態を人間が生き延びられると確信できる根拠はまったくないのだ。「見慣れないことはありえないことと同義ではない」というのは重要な格言である。[★16]

これらの倫理的な問題は「日常」には関係ないものの、早めに取り組んでおいて損はない。幸い、すでに始めてくれている哲学者も幾人かいる。しかし、これらは科学者にとっても考えるべき問題だ。実際、これらは難解で深遠にも思える物理世界についての疑問――空間そのものの安定性、生命の出現、「物理的現実」と呼ばれるものの範囲と性質など――に物理学者を取り組ませる追加の理由にもなる。

こうした思考を経ることで、私たちの視野は広がって、この地球ばかりに目を向けるのではなく、宇宙全体のことまで考えられるようになる。それを次章のテーマとしよう。人間の宇宙旅行と聞けばいかにも「そそられる」が、宇宙空間は厳しい環境であり、人間が容易に順応できるところではない。したがって、そこに出てくるのが人間レベルのＡＩを完備した、誰よりも広い視野を持てるロボットであり、人間はそこでバイオ技術とサイバー技術を駆使しながら、さらに進化を深めるのかもしれない。

第3章　宇宙から見た人類

3・1　宇宙を背景にした地球

一九六八年、アポロ8号の宇宙飛行士ビル・アンダースは「地球の出」を撮影した。月の地平線の上空に、遠くの地球が輝いている写真だ。このときアンダースは、やがてその写真が世界的な環境運動の象徴的な画像になるとは思ってもいなかった。写真は地球の繊細な生物圏を明らかにした。一年後にニール・アームストロングが「小さな一歩」を刻むことになる不毛な月面の風景とは対照的なものだった。もう一枚の有名な画像は、一九九〇年に宇宙探査機ボイジャー1号が六〇億キロメートルの彼方から撮影したもので、地球は「青白い小さな点（ペイル・ブルー・ドット）」にしか見えない。これに刺激されたカール・セーガンは、次のような考えをしたためた。[★1]

もう一度、あの点を見てほしい。そこに現にあり、私たちのふるさとであり、私たちそのものであるあの点を。あなたの愛する人も、あなたの知っている人も、あなたが伝え聞いたことのある人も、そして、かつてそこにいたすべての人も、みな、そこで人生を送ったのである。私たち人類の歴史に刻まれたすべての……聖人と罪人、これらのいずれもが、太陽の光のなかの、ちっぽけな点のなかに存在したのである。

私たちの惑星は、果てしない宇宙の闇のなかの、孤独な点でしかない。その存在のかすかさと、宇宙の広大さを考えれば、私たちを私たち自身から救ってくれるものが、どこか別のところから来るなどとは、望みようもない。

地球は、これまで知り得るかぎり、生命を育む唯一の天体である。……好むと好まざるとにかかわらず、地球こそが、ここしばらくのあいだ、人類の拠って立つ場所なのである〔『惑星へ』（上）、森暁雄監訳、朝日文庫、一九九八年〕。

こうした気持ちは今の私たちにもよくわかる。実際、人間でなく機械によるものであろうとも、太陽系のはるか先への宇宙探索が本当に現実になるのかについては真剣な議論があり、いずれにしてもそれは遠い未来の話になるだろう（現在ボイジャー1号は、すでに四〇年以上も宇宙にいるが、いまだ太陽系の外縁部にとどまっている。あと何万年も経たないと、最も近い恒星に達することもできない）。

ダーウィン以来、私たちは地球に長い歴史があったことを知ってきた。ダーウィンが『種の起源』の締めくくりに書いた一文はよく知られている。「重力の不変の法則にしたがって地球が循環する間に、じつに単純なものからきわめて美しくきわめてすばらしい生物種が際限なく発展し、なおも発展しつつあるのだ」（『種の起源』（下）、渡辺政隆訳、光文社古典新訳文庫、二〇〇九年）。今の私たちは、これと同じぐらい長い時間が未来に伸びていることについて考えをめぐらす。そして、それがこの第3章のテーマだ。

ダーウィンの言う「単純な始まり」——若い地球——は、化学的性質においても構造においても複雑だ。そして天文学者が探ろうとしている先は、ダーウィンにも地質学者にも探りきれなかったほどの遠い昔にさかのぼる。惑星、恒星、そしてそれらを構成している原子の起源だ。

この太陽系全体は、約四五億年前に、旋回する塵のガスの円盤から凝縮して生まれた。だが、原子はいったいどこから生まれたのだろう。なぜ酸素と鉄の原子はありふれていて、金の原子はありふれていないのか。ダーウィンはこの疑問を完全に理解してはいなかっただろう。彼の時代には、原子の存在そのものが疑問視されていたからだ。しかし今の私たちは知っている。私たち人間は、地球上のあらゆる生命と共通の起源、および多くの遺伝子を共有しているだけでなく、宇宙ともつながっているのだ。太陽などの恒星は、いわば核融合炉である。星の内部にある水素を融合させてヘリウムを生み、そのヘリウムから炭素を生み、さらに続けて酸素、リン、鉄と、元素表にあるさまざまな元素を生成し、その過程によって原動力を得る。星の生命が終わりを迎えると、星は内部の「加工」された物質を星間空間に吐き戻す（重い星の場合は超新星爆発を通じて）。そのうち一部の物質は、また別の新しい星を作るのにリサイクルされる。そうやって生まれた星のひとつが太陽だ。

ある一個の典型的な炭素原子を考えてみよう。それは私たちが息をするたびに吸い込んでいる何兆個もの二酸化炭素分子の一個の中に含まれているもので、その波乱万丈の歴史をたどれば五〇億年以上も昔にさかのぼる。かつてこの原子が大気中に放出されたのは、おそらく一塊の石炭——二億年前の原始林に生えていた一本の木の名残り——が燃やされたときだろう。そしてその前は、地球の形成以来ずっと地殻と生物圏と海洋のあいだをぐるぐる循環させられていた。さらにその前を追いかけると、この原子はどこかの古い星の中で作られていた。その星の爆発によって吹き飛ばされた内部の炭素原子は星間空間をさまよったのち、太陽系の原型に凝縮し、やがて若い地球に凝縮した。私たちは文字どおり、遠い昔に死んだ星の灰なのであり、（もっとロマンチックでない言い方をするならば）星を輝かせている燃料から出た核廃棄物なのである。

天文学は古い学問だ。おそらく医学以外で最も古い（加えて、害をもたらす以上に益をもたらした最初の学問だとも言いたい——暦、計時、航海術を向上させたのだから）。そしてこの数十年、宇宙探索は順調に進んできた。月には人類の足跡がある。ほかの惑星へのロボット探査で、変化に富んだ魅惑的な世界の写真が送り返されてきた。いくつかの惑星には着陸もしている。現代の望遠鏡は私たちの宇宙の地平線を広げた。そしてこれらの望遠鏡は、ブラックホールや中性子星といった奇妙な天体の一群や、遠い銀河での大爆発といった不思議な現象もつぎつぎと明らかにしてきた。私たちの太陽は、銀河系（天の川銀河）という名の銀河の中にあり、この銀河には一〇〇〇億個以上の星が含まれていて、それらの星のすべてがぐるぐると円軌道を描いている中心に、巨大なブラックホールが隠れている。そして銀河系は、望遠鏡を通して見ることのできる一〇〇〇億の銀河のひとつにすぎない。一三八億年前にこの宇宙全体の膨張を引き起こした「ビッグバン」の「残響」さえも検出されている。この宇宙はそのときに生まれたのであり、それといっしょに自然界の基本粒子のすべても生まれた。

私のような安楽椅子理論家は、この進歩に関してほとんど手柄を申し立てられない。これはかなりの部分が望遠鏡と宇宙探査機とコンピューターの向上によるものだ。それらの発展のおかげで、私たちはこの宇宙が現在にいたるまでの一連のできごとを理解しつつある。始まりはいまだに謎だが、そのころは何もかもがとてつもない高温と高密度に圧縮されていた。それからさまざまな事象を通じて原子が現れ、星が、銀河が、惑星が現れたのだ。そして惑星のひとつであるこの地球で、原子が寄り集まって最初の生命を形成し、そこから始まったダーウィン的進化を通じて私たちのような生き物が生まれ、こうして万物の謎を考えることができるまでになっている。

科学というのはまさしくグローバルな文化だ。国の境を越え、信仰の境を越えて広まっている。

天文学などはその最たるものだろう。夜空は私たちを取り巻く環境の最も普遍的な特徴である。人間の歴史の始まり以来、世界中の人々が星を眺め、それをさまざまな見方で解釈してきた。このたった一〇年で、夜空は祖先たちにとってのそれとは比較にならないほど興味深いものになっている。ほとんどの星はただのきらきらした光の点ではなく、太陽と同じように周囲を惑星が回っているものだとわかってきた。しかも驚いたことに、私たちの銀河には、地球のような惑星が何百万と含まれていた。つまり地球と同じように、人が住めそうな惑星だということである。だが、そこに実際に居住者はいるのだろうか。そこには生命が、ことによっては知的生命がいるのだろうか。私たちのいる場所を宇宙的な枠組みとの関係で理解するにあたって、これ以上に重要な疑問はおよそ思いつかない。

メディアでの扱いの大きさからして、こうした問題にたくさんの人が魅了されていることは明らかだ。自分の専門分野がこれだけ世の人々の関心を集めているというのは、天文学者としては喜ばしいかぎりである（および生態学のような分野の人にとっても）。もし自分のまわりの数人の専門家としか論じられないのだったら、私は自分の研究からこれほどの満足感を引き出せなかっただろう。加えて、天文学にはよいイメージがあり、あまり恐ろしげに見られていない——たとえばこれが核科学やロボット工学や遺伝学なら、一般の人々はもっと微妙な受け取り方をするだろうと思うのだ。

もし私が飛行機の中で隣の乗客とおしゃべりをしたくない気分だったなら、この一言を発せば確実に会話は止まる――「私は数学者です」。対照的に、「私は天文学者です」と言おうものなら、たいてい相手は興味を引かれる。そして次に出てくる一番の質問は、「あなたは宇宙人がいると思いますか？　それともやっぱり私たちだけでしょうか？」私もこのテーマは大好きなので、いつも喜んで相手をする。そしてこの質問にはもうひとつ、会話を始めるにあたっての利点がある。誰も答えを知らないということだ。したがって「専門家」と一般人の聞き手とのあいだの垣根が低いのである。この問題が人を魅了することに新味はない。しかし現在、史上初めて、これに答えを得られる望みが見えている。

「人が住んでいる世界のほうが多い」という推測は昔からあった。一七世紀から一九世紀までは、太陽系のほかの惑星にも人が住んでいるのではないかと、かなり多くの人が思っていた。その根拠は科学的なものというよりも、たいてい神学的なものだった。生命は宇宙のそこかしこに存在しているに違いないと主張した一九世紀の著名な思想家たちは、その理由として、そうでなければこの広大な空間領域が創造主の無駄な努力だったように見えてしまうではないか、と言っていた。こうした考えに対する愉快な批判が、自然選択説のもうひとりの発案者であるアルフレッド・ラッセル・ウォレスのすばらしい著作『宇宙における人間の位置（*Man's Place in the Universe*）』に書かれている。[★2] ウォレスがとくに酷評した相手が、物理学者のデイヴィッド・ブルースター（物理学の世界では光学分野の「ブルースター角」で知られる）で、ブルースターはまさに前述のような理由から、月にさえも人が住んでいるに違いないと推測していた。ブルースターの著作『ほかの多くの世界と運命（*More Worlds Than One*）』から引用すると、もし月が「単にわれわれの地球を照らすだけの存在と運命づけられているなら、わざわざ高い山々や死火山で彩られた変化に富む地表になっていたり、さまざまな量の光を反射させる物質で表面が大きくまだらになっていたり、あるいは月面が陸と海に分かれているように見えたりする理由がない。のっぺりとした石灰や白亜の平面だったほうが、よほど優れた光源になっていただろう」

一九世紀末には、多くの天文学者が太陽系のほかの惑星に生命が存在すると確信するようになっていて、最初に接触を果たした人間に一〇万フランの賞金を贈ろうという話まで出た。しかもこの賞金は、唯一、火星人との接触を対象外としていた――それはあまりにも容易すぎると思われたからだ！　火星表面を運河が縦横に走っているという誤った主張が、この赤い惑星に知的生命が存在することの確たる証拠と見なされていたのである。

宇宙の時代が到来すると、この熱狂は完全に水を差された。厚い雲がかかった金星は、樹木の生い茂る熱帯性の沼地のような世界だと期待されていたが、何もかもを押しつぶし、燃やし尽くす魔窟だと判明した。水星は、火ぶくれの跡がたくさん残る岩石の塊だった。最も地球に似た火星でさえ、じつは非常に大気の薄い極寒の砂漠だったことがわかっている。ただしＮＡＳＡの宇宙探査車キュリオシティは、水を発見した可能性がある。また、この探査では地中から漏れ出るメタンガスも検出されており、それはひょっとしたら大昔に生きていた有機体の腐敗から出たものかもしれない。しかし現時点で、興味深い生命がここに存在する形跡はまったくない。

太陽からもっと遠く離れた、さらに寒冷な天体に関しては、木星の衛星のひとつであるエウロパと、土星の衛星のひとつであるエンケラドゥスに、わずかな期待がかけられる。どちらの天体も氷で覆われており、その下の海中に生物が泳いでいないとも限らない。それを探るための宇宙探査機の計画も進められている。そのほか、同じく土星の衛星のひとつであるタイタンにも、そこのメタンの湖に一種変わった生命が存在するかもしれない。しかし、やはり楽観的にはなれない。

太陽系の中で言うと、地球はゴルディロックス惑星だ。暑すぎもせず、寒すぎもせず、ちょうどいい適温だという意味である。もし地球があまりにも暑かったら、どんな生命力ある生き物もこんがりと焼かれてしまっただろう。逆に、あまりにも寒ければ、生命を生み育てる過程は遅々として進まなかっただろう。太陽系内の別のどこかで、たとえ痕跡であっても生命体のしるしが発見されたら、それは画期的に重要なことだ。なぜならそれは、生命の出現がめったにない偶然ではなく、宇宙のありふれた事象だということになるからだ。現在のところ、生命が現れたとわかっている場所はたったひとつ――この地球――しかない。生命の起源には、そうした特別な――たとえば銀河系全体でたった一回だけ起こったというぐらいの――偶発性が必要だというのは、論理的にありえることだ（むしろ、それこそが妥当だという見解もある）。だが、もしも一個の惑星系の中で二回それが起こっていたなら、それはありふれたことであるに違いない。

（ただし、ひとつ重要な条件がある。この生命の遍在についての推論を引き出すにあたっては、まず、二回出現したとされる二種類の生命体が、ある場所から別の場所に運ばれたものではなく、それぞれ独立して出現したことが確認されていなくてはならない。その意味で、もしエウロパの氷の下に生命があったなら、それは火星の生命よりも決定的だ。なぜなら可能性としては、私たちはみな火星人を祖先としている――つまり、小惑星の衝突によって火星から吹き飛ばされた岩石が地球に到達し、そこに含まれていた原初的な生命から私たちが進化した――と考えられなくもないからである。）

3・2　太陽系の先で

生命が存在できる有望な「不動産」を見つけるためには、視線を太陽系の先まで伸ばさなくてはならない――そこは現時点で考案できる探査機のどれをもってしても到達できないところではあるのだが。宇宙生物学という分野全体に変化と勢いを与えたのは、大半の星の周囲を惑星が回っているという事実だった。一六世紀に早くもこれを推測したのが、イタリアの修道士ジョルダーノ・ブルーノである。そして一九四〇年代以降、天文学者はブルーノの考えが正しいのではないかと考えるようになった。そして同時に、従来の説は信用を失った。それまでは太陽のフィラメント（太陽面上で糸状の構造として観測される低温のプラズマ）が太陽近辺を通りかかった星の重力に引っ張られてちぎれ、そこからできたのが太陽系だと考えられていたのである（これにしたがえば、惑星系は希少なものだということにもなった）。この説に代わって主流となったのが、星間雲が重力の影響で収縮して星を形成したときに、これが回転していた場合、「副産物」として生じた円盤の中でガスと塵が丸く固まって、それが惑星になったという考えである。しかし一九九〇年代後半になるまで、太陽系外惑星の証拠はなかなか出てこなかった。太陽系外惑星のほとんどは、直接検出されていない。その円軌道の中心にある星を入念に観測することで、初めてその存在が推測される。そのための手法は、おもに二つだ。

まず、ある恒星の周囲を一個の惑星が回っているとすると、この恒星と惑星はともに双方の質量の中心のまわりを回転運動することになる。この質量の中心を重心という。惑星よりも質量の大きい恒星は、その分だけ動きが遅い。しかし、惑星が周囲を回ることによって生じる恒星の回転運動は、星の光を詳細に調べることにより、ドップラー効果にあらわれる変化を通じて検出できる。これに初めて成功したのが一九九五年で、ジュネーブ天文台を拠点としたミシェル・マイヨールとディディエ・ケローが、近くのペガスス座51番星のまわりを回る「木星質量」の惑星を発見した。★3 以後、この方法で四〇〇個以上の太陽系外惑星が発見されている。この「星の揺れ」を利用した手法は、土星や木星と同程度の大きさの「巨大」惑星を発見するのに向いている。

もし地球の「双子」のような惑星が見つかれば、これは非常に興味深いことである。地球と同じような大きさで、太陽に似た恒星のまわりを回っていて、水が沸騰もしなければ凍りつきもしない温度になるような距離で円軌道を描いている惑星だ。だが、そのような――木星より何百倍も小さな――惑星を検出するのは、まさに至難の業である。それが引き起こす主星の揺れは毎秒たったの数センチ、これではあまりに小さすぎて、ドップラー効果を使った手法で検出するのは無理だった（計測装置は急速に進歩していたのだが）。

しかし今では、第二の方法がある――惑星の影を見つければいい。惑星が主星の手前を「通過（トランジット）」するとき、主星はわずかに暗くなる。この星の減光現象は、定期的な間隔で繰り返されるだろう。そのデータから二つのことが明らかになる。まず星が周期的に減光する間隔は、惑星の一年の長さを教えてくれる。そして減光の幅の大きさは、惑星が通過するあいだに星の光をどれだけ遮断するかを教えてくれるから、それによって惑星の大きさが推定できる。

このような通過する惑星の探索で、（これまでのところ）最も重要な仕事をしてきたのが、天文学者ヨハネス・ケプラーの名をとったＮＡＳＡの宇宙探査機である。★4 探査機ケプラーは三年以上を費やして、一五万個の星の明るさを誤差一〇万分の一の精度で測定した。一個の星につき一時間に一回以上の計測を果たしてきたのである。ケプラーは数千個の通過惑星を発見し、そのうちいくつかは地球以下の大きさの惑星だった。ケプラー計画を支える原動力になっていたのは、一九六四年からずっとNASAで仕事をしているアメリカ人技術者のウィリアム・ボルッキだ。一九八〇年代にこの構想を抱いたボルッキは、資金繰りの困難に遭い、「既存」の天文学界の多くの学者に懐疑を向けられながらも、辛抱強く計画を実現に導いた。彼がつかんだ大勝利は――そのときにはすでに七〇歳を超えていたが――格別の賞賛に値する。どれほど「純粋」な科学でも、機器製作者に負うところはかくも大きいことを忘れたくはないものだ。

すでに発見されている太陽系外惑星にはさまざまな種類がある。離心軌道を持つ惑星もあれば、ある惑星などは上空に四つの太陽を持っている。この惑星は連星のまわりを回っていて、その連星のまわりをまた別の連星が回っているのだ。この発見にはアマチュアの「惑星ハンター」たちが関わった。いくつかの星から採取されたケプラーのデータは得ようと思えば誰でも入手できるし、人間の目には星の明るさの一時的な「落ち込み」を捕捉する能力がある（連星系の場合、惑星が一個の星のまわりを回っている場合よりは減光が定期的にならないが）。

地球から最も近い星にも少なくとも一個は惑星がある。わずか四光年先のプロキシマ・ケンタウリは、いわゆる赤色矮星（せきしょくわいせい）（M型矮星）で、太陽よりもずっと暗い。二〇一七年には、ベルギーの天文学者ミカエル・ギヨンの率いるチームが、また別の赤色矮星のまわりに太陽系のミニチュア版のような惑星系を発見した。★5 計七個の惑星が、地球の一・五日から一八・八日を「一年」として、その赤色矮星のまわりを回っていた。外側の三つの惑星はハビタブルゾーン（生命居住可能領域）にある。そこに住めたらさぞや壮観だろう。どれかひとつの惑星の地表に立てば、あとの二つが私たちの月ぐらいの大きさで、たいへんな速さで弧を描きながら空を渡っていくのが見えるのだから。ただし、そこはまったく地球らしくない。おそらく潮汐ロックの現象（潮汐力の影響で自転と公転の周期が同じになること）により、惑星は主星にいつも同じ顔を向けているだろう――一方の半球は永久に光を受けていて、もう一方の半球はずっと暗いままなのだ（万が一そこに知的生命がいた場合、そこでは一種の「分離」が普通になっているかもしれない。天文学者は片方の半球に隔離され、あとの全員はもう片方の半球に住んでいる！）。しかし通常、赤色矮星は強烈な磁気フレアを起こすため、その影響でこれらの惑星の大気は吹き飛ばされている可能性が高い。だとすると生命にとってはあまり恵まれた環境ではないだろう。

これまでにわかっている太陽系外惑星の存在はほぼすべて、その主星の運動や明るさに及ぼされる効果を検出することによって間接的に推論されたものである。これらの惑星を直接観測できれば何よりなのだが、それはなかなか難しい。どれほど難しいかをわかってもらうため、どこかに宇宙人がいると想像してみてほしい。その宇宙人の天文学者は高性能の望遠鏡を持っていて、地球を（たとえば）三〇光年先から眺めている。まあ近傍の星ぐらいの距離である。宇宙人からすると、私たちの惑星はカール・セーガンの言う「青白い小さな点（ペイル・ブルー・ドット）」にしか見えないだろう。とても近くにある主星（太陽）のほうが何十億倍も明るいわけだから、サーチライトの隣にホタルがいるようなものだ。宇宙人のほうに向いているのが太平洋なのかユーラシア大陸なのかによって、その青い影の見え方はわずかに異なる。宇宙人の天文学者は、地球での一日の長さ、季節、陸と海の存在、気候について推論できるだろう。かすかな光を分析することで、地球に草木の生えた地面と酸素を含んだ大気があることも推論できるだろう。

今日では、世界最大級の地上望遠鏡が国際共同事業によって建設されている。いくつかはハワイのマウナケア山頂に集積し、またいくつかはチリのアンデス高地の晴れて乾燥した空の下に散らばっている。南アフリカは世界最大の光学望遠鏡のひとつを擁しているだけでなく、今後は世界最大の電波望遠鏡スクエア・キロメートル・アレイの建設地のひとつとして、オーストラリアとともにこれを主導していくことになる。現在、ヨーロッパの天文学者たちがチリの山頂に建設中の望遠鏡は、太陽に似た恒星のまわりを回る地球大の惑星からの光を採取できるだけの必要な感度を備える予定になっている。その名も欧州超大型望遠鏡（E‐ELT：European Extremely Large Telescope）といって、理想や願望ではなく文字どおりの命名だ！　ニュートンが考案した反射望遠鏡の第一号は、鏡の口径が一〇センチメートルだった。それに対してE‐ELTは口径三九メートルで、小さい鏡をモザイク風に寄せ集めた装置の総集光面積は一〇万倍以上もの広さになる。

これまでに調査されている近傍の星のまわりの惑星についての統計からして、銀河系全体に地球に似た惑星は一〇〇億個ほどあると推論される。この「地球に似た」というのは、地球と同じぐらいの大きさで、主星から同じぐらいの距離にあり、したがって水が沸騰して蒸発することも、永久に凍結したままでいることもない状態で存在できる惑星、という意味である。しかし、その中にもさまざまな違いはあるだろう。あるものは完全に海に覆われた「水の世界」かもしれないし、またあるものは（金星のように）極度の「温室効果」による灼熱と不毛の地になっているかもしれない。

これらの惑星のはたしていくつに生命体の住んでいる可能性があるのだろうか。もしも存在していたなら、それは火星にひょっとして見つかるかもしれない生命体よりも、はるかに興味深く、はるかに風変わりなものかもしれない。ともすると知的生命と呼べるものだってありうるかもしれない。だが、その公算については皆目わからない。私たちはまだ、生命の起源――ある化学的「混合物」から、代謝と繁殖をする存在が出現すること――が銀河系全体でたった一回しか起こらなかったような、非常に珍しい偶然である可能性を排除できていないのだ。逆に、ある「適切」な環境さえ整っていれば、この決定的な移行はほぼ不可避だったという可能性もある。今のところは、まだ何もわからない。地球上の生命のＤＮＡとＲＮＡの化学的構造が唯一ありえるものなのか、それとも単に、ほかのところでも実現できる多くの選択肢の中のひとつの化学的基部にすぎないのかもわからない。さらに根本的なことを言えば、液体の水が本当に必須なのかどうかもわからない。タイタンの冷たいメタンの湖の中でも生命を生じさせられるような化学的経路があったなら、「居住可能な惑星」の定義は今よりずっと広くなるだろう。

こうした主要な問題も、近いうちにすっきりと解決されるのかもしれない。今や生命の起源には、これまで以上に強い関心が寄せられている。もはやこれは、重要なのは明らかだけれどもタイムリーなわけでも御しやすいわけでもないと見なされて、「難しすぎるもの」を収める棚に上げられてしまうような超難問のひとつと決めつけられてはいないのだ（たとえば意識などはいまだにそのカテゴリーに入れられている）。生命の発端を理解することは、地球外生命の可能性を評価するのに必須だから重要というだけでなく、この地球上での生命の出現がいまだに謎だからこそ重要なのである。

生命がこの宇宙のどこに出現しうるのか、どんな形態をとりうるのかに関しては、頭を柔軟に保っておく必要がある。そして地球に似ていない場所にある、地球のものに似ていない生命にも思考をめぐらせるべきだろう。この地球においてさえ、生命は日の光が何千年と遮断されている真っ暗な洞穴や、乾燥した砂漠の岩石の中や、地中の奥や、深い海底にある熱いマグマの噴出口のまわりなど、猛烈に住みにくい場所でも生き延びているのだ。しかしとりあえず、わかっているところから始めるのは妥当なことで（要は「街灯の下で鍵を探す」戦略だ）、まずは地球に似たあらゆる太陽系外惑星の大気に生物圏の証拠が見つかるかどうかを確認するのに、使えるかぎりのすべての技法を振り向ければよい。あと一〇年か二〇年のうちには、ジェイムズ・ウェッブ宇宙望遠鏡やE－ELT、その他二〇二〇年代に稼動する予定の新しい大型地上望遠鏡から、探している鍵がもたらされることだろう。

これら新世代の望遠鏡にとっても、明るさに勝る主星のスペクトルから惑星の大気のスペクトルを分離するのは難しい仕事になる。しかし今世紀半ば以降を思い浮かべれば、きわめて薄いキロメートル単位の鏡を配列した巨大な宇宙望遠鏡が、ロボットの手によって深宇宙に組み立てられているところが想像できる。アポロ8号の「地球の出」の写真の一〇〇周年となる二〇六八年には、ひょっとするとこうした装置からさらに興味深い画像がもたらされ、遠い星のまわりを回っている別の地球をいよいよ目にすることができるかもしれない。

3・3　宇宙飛行——有人飛行と無人飛行

私が子供のころに好きだった読み物のひとつが（一九五〇年代のイギリスの話だ）、『イーグル』という漫画雑誌で、とくにお気に入りだったのが『ダン・デア——未来のパイロット』という冒険物だ。軌道を周回する都市や、ジェットパック（背負って使う個人用ロケットエンジン）や、宇宙人の侵略者などが、かっこいい絵柄で描かれていた。そんなわけで宇宙飛行が現実になったとき、NASAの宇宙飛行士（アストロノート）（およびソ連の宇宙飛行士（コスモノート））が着ていた宇宙服も、打ち上げやらドッキングやらのお決まりの流れも、すでにおなじみのものだった。私の世代は、当時の英雄的で先駆的な偉業の数々を熱狂的に追いかけた。ユーリイ・ガガーリンの世界初の軌道飛行、アレクセイ・レオーノフの世界初の宇宙遊泳、そしてもちろん、月面着陸。私は地元の町に、アメリカ人として初めて軌道飛行を果たしたジョン・グレンが訪問に来てくれたことを覚えている。ロケットのノーズコーンの中で発射を待っているときに何を思っていたかと質問されて、グレンはこう答えていた。「このロケットには二〇万個の部品があって、そのどれも最低価格の入札者が作ったものなんだな、と考えていました」（グレンはその後、アメリカの上院議員になり、さらにその後、最高齢の宇宙飛行士として、七七歳でスペースシャトルのSTS‐95ミッションに参加した）。

ソ連のスプートニク1号――軌道に乗った世界初の人工物――の打ち上げから、一九六九年の歴史的な月面での「小さな一歩」まで、たった一二年のことだった。私は月を見るたびに、ニール・アームストロングとバズ・オルドリンを思い出さずにはいられない。今にして思い返すと、彼らの偉業がなおさら英雄的に感じられる。彼らがいかに原始的なコンピューター計算と未検証の装置に頼っていたかが、今ならはっきりとわかるからだ。実際、ニクソン大統領のスピーチライターだったウィリアム・サファイアは、宇宙飛行士たちが月面に墜落したり、月に取り残されたりした場合の追悼文の草稿を用意していた。

粛々と月への探検に向かった彼らは、そのまま月で安らかに眠ることを運命によって定められていたのでしょう。〔彼らは〕救助される望みがないことは知っていました。しかし同時に、自分たちの犠牲の上に人類の希望があることも知っていました。

アポロ計画は半世紀後の今もなお、人間による宇宙空間進出の最高到達点だ。当時のアメリカはソ連との「宇宙開発競争」の真っ只中(ただなか)にあった。つまりこれは、ライバル関係にある超大国どうしの争いだったのだ。もしその勢いが続いていたら、今ごろは確実に火星での一歩が刻まれていただろう。私たちの世代はまさにそれを期待していたのである。しかしながら、ひとたび競争の勝敗が決してしまうと、もはや必要経費を払いつづける動機はなくなった。一九六〇年代には、NASAへの支出がアメリカの国家予算の四パーセント以上を占めていた。現在、その数字は〇・六パーセントである。今の若い人たちは、アメリカ人が月に人間を着陸させたことは知っている。エジプト人がピラミッドを建てたことも知っている。だが、それらの大事業は彼らにとっては昔の歴史で、どちらも同じぐらい奇妙な国家目標が動機になっていたと思っている。

以後の数十年のあいだにも、何百人もが宇宙に飛び出した。しかし今ひとつ盛り上がらないことに、それはただ地球のまわりを低軌道で周回するだけのことだった。国際宇宙ステーション（ISS）は、史上最もお金をかけて建設された人工物だろう。この施設のコストと、ここへの支援を主目的としたスペースシャトル（現在はもう退役しているが）のコストの合計は、ドルにしてゆうに一二桁にのぼった。国際宇宙ステーションから科学的、技術的に得られたものは決して少なくなかったが、その費用対効果はやはり無人ミッションに劣る。宇宙ステーションへの飛行そのものも、かつてのソ連とアメリカによる先駆的な偉業ほど心躍らせるものではない。国際宇宙ステーションがニュースになるのは、トイレが故障しただのなんだのといった不都合があったときか、もしくはギターをかきならしながら歌うカナダのクリス・ハドフィールドのように、宇宙飛行士がみごとな「一芸」を披露してくれたときだけだ。

経済的にも政治的にも需要がないときには、できるはずのことも実行されなくなる――有人宇宙探査の実施が途切れてしまったのは、まさにその一例だ（ちなみにもうひとつの例が超音速飛行で、航空機コンコルドは恐竜と同じ道をたどった。対照的に、ＩＴ企業のスピンオフ事業は発展の一途をたどり、評論家や経営のプロが予測していたよりずっと早く世界的に拡大した）。

とはいえ、宇宙開発技術はこの四〇年間で急速に成長した。今や私たちの生活は、通信からカーナビ、環境モニタリング、偵察、天気予報まで、あらゆることを当たり前のように人工衛星に頼っている。これらのサービスにおもに使われているのは、無人ではあっても莫大な費用のかかる、精巧な宇宙機だ。しかし近年では、比較的安価な小型衛星の市場が伸びている。そしていくつかの民間企業が、この需要を満たそうと動いている。

サンフランシスコに本拠を置くプラネット・ラボ社は、高頻度の衛星画像の提供と全世界の網羅を共同ミッションとする（分解能は三メートルから五メートルと、それほど高精細ではないものの）一群の靴箱大の小型衛星を開発して打ち上げてきた。世界中の樹木の一本一本を毎日観測する、が（ほんの少しの誇張を込めての）合言葉だ。二〇一七年には、この小型衛星八八基がインドのロケット一基にまとめて搭載されて打ち上げられた。ほかにもロシアとアメリカのロケットを利用して、もっと大量の打ち上げや、これよりいくらか大きくて、もっと設備の整ったスカイサット衛星（一基の重量一〇〇キログラム）の一斉打ち上げが行なわれたこともある。もっと高い分解能を得るには、もっと精巧なレンズを備えた、もっと大きな衛星が必要だが、これら「キューブサット」と呼ばれる小型の衛星から得られるデータには、作物や建設現場や漁船を監視するためなどの商業市場が十分にあり、そのほか災害対策の立案などにも役に立つ。加えて現在では、消費者向け超小型電子機器への膨大な投資から生まれてきたテクノロジーを活用した、さらに小さい薄型の衛星も配備できるようになっている。

宇宙空間に打ち上げられた望遠鏡は、天文学を大いに活気づかせた。光を吸収し、ぼやかしてしまう地球の大気のはるか上を軌道周回する宇宙望遠鏡は、宇宙の最も遠いところからの画像も鮮明に送り返してきた。赤外線、紫外線、エックス線、ガンマ線などは地球の大気を突き抜けてこないため、地上からではなかなか観測できないのだが、宇宙望遠鏡はそれらの波長域で空の観測を行なってきた。ブラックホールをはじめとする、さまざまな珍しいものの証拠も明らかにした。さらに「創造の残光」とでも言うべきもの――すなわち観測可能な宇宙全体が極小の大きさに圧縮されていた最初の時点を解き明かす鍵となる、宇宙空間をくまなく満たしているマイクロ波も、高い精度で探査してきた。

もっとわかりやすく世の人々に訴えるのは、太陽系の全惑星を旅してきた宇宙機からの発見だ。NASAの探査機ニューホライズンズは、月の一万倍も遠い冥王星からの驚異的な画像を送り返してきた。欧州宇宙機関の探査機ロゼッタは、彗星にロボットを着陸させた。これらの宇宙機は設計と建設に五年を要し、それから一〇年近くかけて遠い目標まで旅していった。探査機カッシーニは土星とその衛星の調査に一三年も費やしたが、その歴史はもっと古かった。これが打ち上げられてから二〇一七年九月にとうとう土星の大気圏に突入するまでに、二〇年以上が経過していたのである。これらのミッションを続行する今日の後継機がどれほど洗練を増すかは想像に難くない。

今世紀のあいだに、太陽系の内側はすべて――惑星も、衛星も、小惑星も――探索され、マッピングされるようになるだろう。おそらくその仕事を担うのは、鳥の群れのように相互に協調して働く小さなロボット探査機の一群だ。太陽エネルギー集熱器などの必要な機器は、巨大な製造ロボットが宇宙空間の中で建設してくれるだろう。ハッブル宇宙望遠鏡の後継は、無重力の中で組み立てられた特大サイズの鏡を使って私たちの視界を広げ、もっと先にある太陽系外惑星や、星や銀河や、もっと遠い宇宙を見せてくれるだろう。そうなったら次の段階は、宇宙資源採掘と宇宙工場だ。だが、そこに人間の役割はあるのだろうか。ＮＡＳＡのキュリオシティは小型車ぐらいの大きさの火星探査車で、二〇一一年から巨大なクレーターの上をごろごろ回転しながら働いてきたが、これが人間の地質学者なら見落としようもない驚愕の発見を見逃したとしても無理はない。しかし、機械学習は急速に進歩している。センサー技術も同様だ。対照的に、有人ミッションと無人ミッションのコスト差はずっと大きく開いたままである。ロボットが発達し、小型化が進むごとに、有人宇宙飛行の実際的な意義はますます薄まっている。

もしも「アポロ精神」が復活し、その遺産を大事に生かさねばという意識があらためて強まったなら、恒久的な有人月面基地が次のステップになる可能性は十分にあるだろう。その建設はロボットにやってもらい、物資は地球から運んで、一部は月で採掘すればいい。とくに立地がいいのはシャクルトンクレーターだ。月の南極に位置し、直径が二一キロメートル、リム〔縁〕の高さが四キロメートルある。立地上、このクレーターのリムはつねに日光を受けているので、月面のほぼすべてがさらされる毎月の極端な温度差を避けられる。加えて、つねに真っ暗なクレーターの内部には大量の氷があるかもしれない。もちろんこれは「コロニー」を維持するにあたって必須のものだ。

月面を利用する場合、地球に向いている側の半面をおもな足場にしたいと考えるのは当然だ。しかし、ひとつ例外がある。天文学者は巨大な望遠鏡を月の裏側に設置したがるだろう。そうすれば地球からの人工的な電磁放射にさらされずにすむからだ。非常にかすかな宇宙放射を検出したい電波天文学者にしてみれば、それは大いに助かることである。

アポロ計画以降、NASAの有人宇宙プログラムは、リスクを嫌う大衆と政治家の圧力につねに制限されてきた。スペースシャトルの飛行が失敗したのは、一三五回のうちの二回である。宇宙飛行士やテストパイロットなら、このレベルのリスクを進んで引き受けることだろう――結局のところ二パーセント未満なのだ。しかし愚かにも、スペースシャトルは民間人にも安全な乗り物として宣伝されてきた（その結果として女性高校教師のクリスタ・マコーリフがNASAのティーチャー・イン・スペース・プロジェクトに参加して、チャレンジャー号の事故で犠牲者のひとりになった）。どちらの失敗もアメリカ合衆国に全国的なトラウマを生み、その後しばらく飛行を途絶えさせたが、そのあいだに莫大な費用をかけてリスクをいっそう減らす努力が（効果はわずかだったが）なされた。

私の希望としては、今生きている人の何人かが、冒険として、そして恒星へ向かうための一歩として、いずれ火星の上を歩いてくれたらと思っている。だが、NASAがこの目標を実現可能な予算内でかなえるのは難しく、きっと政治的な障害にぶつかるだろう。一方、中国には資源があり、統制政策をとる政府があり、おそらくはアポロ型のプログラムに手をつけようとする意志もある。もし中国が「壮観な宇宙ショー」によって超大国のステータスを見せつけたい、同等であることを宣言したいと望むなら、ただアメリカが五〇年前に達成したことをやり返すのではなく、それを大きく飛び越す必要がある。すでに中国は月の裏側に着陸することでの「世界初」を狙っている（二〇一九年一月に成功）。そして月だけでなく火星にまで足跡を刻んだならば、これはまぎれもない「大躍進」であるだろう。

中国人はさておいて、私が考える有人宇宙飛行の未来は民間出資の冒険者たちにある。欧米国家が公共の支援を受ける民間人に負わせるよりもはるかに大きなリスクをともなう、大安売りプログラムにあえて参加する覚悟のある人たちだ。イーロン・マスク（自動車会社テスラの創立者でもある）の率いるスペースX社は、すでに宇宙ステーションに宇宙船を停泊させており、そのライバルで、アマゾン創立者のジェフ・ベゾスが出資するブルーオリジン社ともども、近いうちに有料軌道飛行を顧客に提供するようにもなるだろう。これらのベンチャー企業は――NASAと少数の航空宇宙コングロマリットに長く支配されてきた領域にシリコンバレー文化を持ち込んで――打ち上げロケットの一段目を回収して再利用することが可能であると証明してみせた。それはすなわち、実質費用の節約も可能になるかもしれないということだ。彼らはNASAや欧州宇宙機関のこれまでの実績よりもずっと早くロケット作りを革新し、改良してきた。スペースXのロケット「ファルコン」などは、五〇トンの積載物（ペイロード）を軌道に乗せることができるのだ。将来的に、国家機関の役割はどうしても薄まるだろう――むしろ航空便よりも空港に近い役割になっていくものと思われる。

もし私がアメリカ人なら、私はNASAの有人計画を支持しない。むしろインスピレーションに導かれた民間企業があらゆる有人ミッションに正面切って向かいあい、これをあくまでも大安売り高リスクの冒険的企てとして導入していくべきだと考える。かつての冒険家や登山家などと同じ動機から、どうしてもやってみたい――いっそ「片道切符」でもかまわない――と思う志願者は、今でもたくさんいるだろう。実際、宇宙事業が国家（ないしは国際）プロジェクトであるべきだという意識はそろそろ慎んでもいいころだ――「われわれ」という単語で人類全体を意味させるような思い上がったレトリックといっしょにである。たとえば気候変動への取り組みなど、国際的に協調した運動がないと達成しえない試みもある。しかし宇宙の開発は、必ずしもそういう性質のものではない。ある程度の公的な規制は必要かもしれないが、弾みをつけるのは民間や企業でも差し支えない。

月の裏側まで往復一週間の航行をしようという計画がある。まだ誰も行ったことのない遠いところまでの旅となる（ただし月面に着陸してから飛び立つという、もっと大きな挑戦はやめておくとして）。第二回の飛行の切符は（私の聞くところによると）もう売れているが、第一回はまだらしい。また、宇宙旅行経験者の実業家デニス・チトーは、新しい重量物発射装置ができた暁には誰かを火星まで――着陸なしで――往復させようと申し出ている。隔絶した閉鎖空間で五〇〇日を過ごさねばならないような旅である。理想的な乗組員は、安定した中年のカップルだろう。高い放射線量が旅行中に蓄積しても大丈夫なぐらい高齢でなければならないからだ。

「宇宙観光旅行」という表現は使うべきでない。人はそんな売り文句で釣られると、本来は危険をともなう企てであるものを低リスクの普通の経験のように錯覚してしまう。そして実際にそのように認識してしまえば、避けられない事故が起こった場合にはスペースシャトルのときのようなトラウマが生じてしまう。宇宙飛行のような離れ業はあくまでも危険なスポーツとして、あるいは恐れ知らずのための探検として「売られる」ようでなくてはならない。

地球の軌道を回るにせよ、もっと遠くをめざすにせよ、宇宙飛行にとっての最も決定的な障害は、化学燃料が本質的に非効率であることと、そのせいで、積載物の重量をはるかに上回る重量の燃料を運ぶための発射装置が必要になることにある。したがって化学燃料に頼っているかぎり、惑星間移動はいつまでたっても難題のままだ。原子力が使えるならば話は変わるかもしれない。前進速度が格段に上がるから、火星までだろうが小惑星までだろうが、移動に要する時間は劇的に短くなるだろう（それによって宇宙飛行士の暇な時間が減るだけでなく、彼らが危険な放射線にさらされる時間も少なくなる）。

もし宇宙まで運んでいかずとも地上で燃料供給を済ませられるなら、効率は大いに上がるだろう。たとえば宇宙機を「宇宙エレベーター」経由で軌道に乗せるのも、技術的には可能かもしれない。これは長さ三万キロメートルのカーボンファイバーの綱を地球にくくりつけ（そして地上から動力を送り）、綱の反対側を垂直に対地静止軌道を越えるまで伸ばして、遠心力で綱がぴんと張るようにするという仕組みだ。もうひとつ考えられる方式は、強力なレーザービームを地上で発生させて、それで宇宙機に取り付けられた「帆」を押し出すというものだ。軽量の宇宙探査機ならこの方法で現実に飛ばせられるかもしれないし、原理的には光速の二〇パーセントまで宇宙機を加速させられる。★6

ちなみに、搭載燃料の効率がもっと向上すれば、有人宇宙飛行は高精度の操縦を必要とするものから、ほとんど操縦技能の要らないものに変わる可能性がある。たとえば自動車の運転にしても、もし現在の宇宙航行と同じように、あらかじめ全行程を詳細にプログラムしておく必要があって、途中でハンドルを握る機会は最低限しかないようなものだったら、ずっと面倒な大ごとになっているだろう。しかし、もし燃料がたっぷりあって、中間軌道修正に堪えられるようなら（そしてブレーキもアクセルも自由に踏ませてもらえるようなら）、惑星間航行はさほど技能の要らないタスクになる。むしろ目的地がつねに明瞭に見える分だけ、自動車や船の舵取りをするより楽かもしれない。

二一〇〇年までには、フェリックス・バウムガルトナー（二〇一二年に高高度気球からの自由落下で音速の壁を破ったオーストリア人スカイダイバー）に代表されるようなスリル上等の怖いもの知らずが、地球から独立した「基地」をどこか——火星か、はたまた小惑星か——に築いているかもしれない。スペースXのイーロン・マスク（一九七一年生まれ）などは、火星で死にたい、ただし墜落死だけは勘弁だが、と言っている。しかしながら、地球からの大量移住は期待するべきでない。この点で、私はイーロン・マスクとも、ケンブリッジの同僚だった故スティーヴン・ホーキングとも強く意見を異にする。ホーキングは大規模な火星コミュニティを急いで構築すべきだと熱心に語っていた。しかし、地球の問題からの逃げ道を宇宙が用意してくれると考えるのは危険な錯覚だ。地球の問題は地球で解決しなければならない。気候変動に対処するのは気が遠くなるほどたいへんなことかもしれないが、火星を地球化(テラフォーミング)することに比べれば朝飯前だ。この太陽系に、南極やエベレスト山頂ほどの温和な環境を用意してくれるところはどこにもない。リスクを嫌う普通の人々にとって、「惑星B」は存在しないのだ。

だが、それでも私たち（および、この地球に生きる私たちの子孫）は勇敢な宇宙冒険家を応援するべきだ。未来のポストヒューマン時代を切り開くうえで、そして二二世紀以降の世界がどうなるかを決定するうえで、彼らは非常に重要な役割を果たすことになるからだ。

3・4　ポストヒューマン時代は到来するか

宇宙冒険家がなぜそんなに重要なのだろう。宇宙の環境は本質的に人間に優しくない。したがって、開拓者となる探検家たちも新しい住環境にうまく適応しないから、その困った分だけ、地球にいる人間よりも自らを再設計しようとする動機を切実に持つようになる。そこで利用されるのが、今後数十年のうちに開発されるであろう超強力な遺伝子工学技術とサイボーグ技術だ。これらの技術は、願わくば賢明かつ倫理的な判断により、地球上では厳しく規制されると思いたいが、その規制の網は火星の「移民」にはまったく及ばない。異質な環境に適応するべく彼らが子孫を改良するというのなら、せめて幸運を祈るべきだろう。そしてこれが、新しい種の分岐への第一歩となるのかもしれない。遺伝子組み換えをサイボーグ技術で補強して、その結果、完全に無機的な知能への転換が実現されるのかもしれない。というわけで、ポストヒューマン時代の先陣を切るのは、そのような宇宙に旅立った冒険家たちであって、地球での生活に安穏に適応している人間ではないのである。

目的地がどこであれ、宇宙に旅立とうという人は、地球を離れる前から旅の終点に何がありそうかを知っている。すでにロボット探査機が彼らより前に行っているからだ。かつて太平洋を横断して未知の世界に向かったヨーロッパの探検家たちは、未来の探検家とは比べ物にならないぐらい行き先のことを知らなかった（そして、もっと恐ろしい危険に直面した）。彼らには先遣隊がいなかったから、地図も作ってもらえなかったが、宇宙冒険家にはそれがある。そして未来の宇宙旅行者は、つねに地球と交信できるだろう（タイムラグはあるにせよ）。探検すべき驚異的なものがあると先行探査機があらかじめ明らかにしていれば、これ以上ないほどの動機になる。キャプテン・クックが太平洋の島々の生物多様性と美しさに誘われたのと同じようにだ。しかし、もし何もない不毛の地なら、そこへ行くのは建設ロボットに任せておこうとなるだろう。

有機的な生き物には惑星表面の環境がなくてはならないが、もしもポストヒューマンが完全に無機的な知能への転換を果たすなら、そのときはもう大気も要らなくなるだろう。案外、その知能にとっては無重力のほうがいいのかもしれない。それなら広大な、しかし軽量な住環境を築けるだろう。したがって、非生物学的な「脳」が人間には想像もつかないような力を発達させるかもしれないところは、地球ではなく、火星ですらなく、深宇宙だということになる。テクノロジーが進歩する時間尺度は、人類の出現までを導いたダーウィン的自然選択の時間尺度に比べればほんの一瞬だ。そして（もっと大切なことに）前途に伸びる長い長い宇宙の時間の一〇〇万分の一にも満たない。未来のテクノロジーの進化の所産は、私たち人間が粘菌を（知的に）上回っているのと同じぐらいの差で私たちを上回るのかもしれない。

「無機物」――知能を持った電子ロボット――が最終的に支配者になる未来はありえる話だ。というのも、「湿った」有機的な脳の大きさと処理能力には化学的、代謝的な限界があるからで、人間はもうすでにその限界に近づいている可能性もある。だが、電子コンピューターは（ましてや、おそらく、量子コンピューターは）そのような限界に制限されることがない。したがって「思考」をどう定義しようと、有機的な人間型の脳による思考の量と強度は、ＡＩの大脳作用に完全に打ち負かされる。私たちがひょっとするとダーウィン的進化の終盤にいるのに対し、もっと進みの速い、人為的に誘導された知能強化のプロセスは、今やっと始まったばかりだ。これは地球から離れたところでこそ、最も速く進むだろう。そのような急速な人類の変化がこの地球で起こるとは思わない（そしてそれを間違いなく望まない）からだが、それでもやはり私たちの生存は、地球上のＡＩをずっと「友好的」なままでいさせられるかどうかにかかっている。

哲学者は、「意識」がヒトやサルやイヌの持っている有機的な脳に特有のものなのかどうかを議論する。ロボットの知能がいくら超人的に見えるとしても、やはりロボットには自意識や精神生活（インナーライフ）が欠けているのだろうか。この疑問に対する答えしだいで、彼らの「乗っ取り」に対する私たちの反応は決定的に変わってくる。もし機械がゾンビなら、私たちは彼らの経験に自分たちの経験と同じだけの価値を認めないだろうから、ポストヒューマンの未来は冷え冷えとしたものになりそうだ。しかし、もし機械に意識があるのなら、私たちは彼らの未来の覇権の見込みを歓迎してもいいのではないか？

そのようなシナリオから導かれる帰結は、人間の自尊心をいっそう煽（あお）るものかもしれない。要するに、たとえ生命が誕生したのは地球だけだったとしても、いずれその生命は、宇宙のちっぽけな特徴ではなくなるかもしれないということだ。人間は終盤どころか、かつてなく複雑な知能が銀河系にくまなく拡散するプロセスの序盤に近いところにいるのかもしれない。近隣の星へひとっとびすることも、このプロセスの初期段階にすぎない。星間航行も——あるいは銀河間航行でさえ——恐るるに足らずだ。それをするのは不死身に近い存在なのだから。

たとえ自分たちが進化の系統樹の最後の枝ではないとしても、私たち人類は、宇宙における自らのまぎれもない重要性を誇れるだろう。電子的な（そして潜在的には不死身になりうる）存在への移行を活性化させ、その影響力を地球のずっと先まで拡散させ、人類の限界をはるかに超えさせるのは、ほかでもない私たち人類なのである。

だが、その場合の動機も倫理的制約も、ある重大な天文学的疑問に対する答えしだいでは変わってくる。もしも、生命——知的生命——がすでにどこかにいたならば？

3・5　地球外知的生命は存在するか

太陽系外惑星に植物や原始的な昆虫や細菌の確たる存在証拠があったなら、それはもうたいへんなことだ。しかし、世の人々の想像力に本当に火をつけるのは、もっと進んだ生命のいる兆しである。それこそサイエンスフィクションでおなじみの「エイリアン」だ。[★7]

たとえ原始的な生命がありふれたものだったとしても、「高等」な生命についてはどうだろう

――その出現には多くの偶発的な条件が必要なのかもしれない。地球上での進化の過程も、氷河の位相や、地殻変動、小惑星の衝突などに影響された。進化上の「ボトルネック」についての推論もある。すんなりとした通過を阻む決定的な段階があったという考えだ。おそらく多細胞生物への移行（地球上では二〇億年かかった）は、そんな「ボトルネック」のひとつだったのだろう。そうした段階はもっとあとにもあったかもしれない。たとえば恐竜がもし一掃されていなかったら、やがて人間へといたる哺乳動物の進化の連鎖は起こっていなかった可能性がある。ほかの種が今の私たちの役割を果たしていなかったかどうかは予言しようもない。一部の進化論者は知的生命の出現を、複雑な生物圏においてすら、まず起こりそうにない偶発的なことと見なしているのだ。

もっと不吉なことを言えば、私たち自身の進化段階でも「ボトルネック」は生じうる。つまり今世紀、知的生命が強力なテクノロジーを発展させている段階で、ということだ。「地球産」生命の今後の長期的な見通しは、人間がこの段階を生き延びられるかどうかにかかっている（これまでの章で論じてきたような危険にさらされたときの弱さはともかくとして）。それには絶望的な大惨事が地球に降りかからないことが必要なのではない。そんな出来事が起こる前に、一部の人間なり人工物なりが故郷の惑星の外に広がっていることが必要なのだ。

もう何度も言ってきたように、生命がどのようにして現れて、地球外知的生命の存在がありうるかどうかなどと論じられるようになったのかについて、私たちは何も知らないに等しい。宇宙がさまざまな複雑な生命で満ちていたとしたって何も不思議ではない。もしそうだったら、私たちは喜んで「銀河クラブ」のささやかな一員になるだろう。一方、知的生命の出現にはやはり希少な――宝くじに当たるような――出来事の連鎖が必要で、結局、地球以外のところでは起こっていなかったとしてもおかしくはない。その場合、宇宙人を探している人はがっかりするだろうが、私たちの地球が銀河系で最も重要な場所だということでもあるわけだから、地球の未来こそが宇宙に重大な影響を及ぼすということにもなる。

もしも宇宙から、明らかに人工的なものとわかる「信号」が検出されたなら、それは言わずと知れた重大な発見だ。電波の「ビープ音」でもいいし、空で地球をスキャンしているレーザーのようなものから発した光の点滅でもいい。SETI（地球外知的生命体探査）プロジェクトは、しかるべき価値のある試みだ。たとえ成功する見込みの厳しい賭けでも、勝てば儲けは法外に大きい。初期の参加者を率いたのは、フランク・ドレイク、カール・セーガン、ニコライ・カルダシェフといった面々だが、その時点では人工的なものは何も見つからなかった。だが、結論するには材料があまりにも足りなかった。コップ一杯の海水を分析して、海に生命はいないと言うようなものである。だからこそありがたいのは、ロシアの投資家ユーリ・ミルナーの支援する「ブレークスルー・リッスン」という一〇年計画が始まったことだ。世界最高峰の電波望遠鏡でしばらく時間稼ぎをしながら、かつてなく包括的で持続的なかたちで空をスキャンできる設備を開発する。計画の参加者たちは、特別に開発された信号処理装置を使って広範囲な振動数の電波とマイクロ波をとらえられるようになるだろう。その補足として、自然の光源から発しているとは思われない可視光やエックス線の「閃光(せんこう)」も探査する。加えてソーシャルメディアとクラウドサイエンス〔市民科学〕の到来により、世界中の熱心な同志たちがデータをダウンロードして、この宇宙探査に参加できるようにもなるだろう。

大衆文化では、地球外生命はなんとなく人間に似た生物として描かれる。たいてい二本足だが、触手があったり、ひょろひょろとした茎のようなものに目がついていたりする。そうした生物が存在しないとは言わないが、実際に最も検出の望みが高そうなのは、そういった種類の宇宙人ではないだろう。私の見立てでは、もし地球外生命からのメッセージが見つかるとすれば、それはとてつもなく複雑で強力な電子脳からもたらされる可能性のほうがずっと高い。この推測の根拠のひとつは、地球上で実際に起こっていることにある。そしてもうひとつの――もっと重要な――根拠は、生命と知能が遠い未来にどう進化すると思われるかということにある。最初の微小な生物は、四〇億年近く前、地球がまだ若かったときに出現した。この原初の生物圏が進化して、今日のすばらしく複雑な生命の網ができたのであり、人間はその一部としてここにいる。だが、人間はこのプロセスの終盤にいるのではなく、それどころか、まだ中間地点にすら来ていない可能性もある。したがって今後の進化――支配生物が肉体を持たないポストヒューマン時代――は、何十億年も先の未来まで続くのかもしれない。

仮に、生命が誕生した惑星がほかにもたくさんあったとして、そのいくつかで、地球で起こったのとそっくりそのままの道筋でダーウィン的進化が起こったとしよう。それでもやはり、決定的な段階がすべてシンクロするとは相当に考えにくい。ある惑星での知的生命とテクノロジーの出現が、地球での出現のタイミングより大幅に遅れているなら（その惑星のほうが若いから、あるいは「ボトルネック」を潜り抜けるのに長い時間がかかったからといった理由で）、その惑星から地球外生命の証拠はいっさい出てこないだろう。しかし太陽よりも古い恒星のまわりでは、生命がいち早く、一〇億年以上先にスタートを切っている可能性もある。

人間の技術文明の歴史は、始まってから数千年だ（どんなに長く見積もっても）。そして、このあと一〇〇年か二〇〇年もすれば、人間は無機的知能に取って代わられたり超越されたりして、今度はその無機的知能が進化を続け、何十億年と存続していくかもしれない。もし全般に、人間レベルの「有機的」な知能は機械に取って代わられるまでの短い幕間でしかないのなら、いまだ有機的な形態をしている地球外知的生命をそんなわずかな期間のうちに「捕捉」できる見込みは非常に薄いだろう。もし地球外生命を検出したとしても、それは電子的なものである可能性のほうがはるかに高い。

だが、仮に探査が成功しても、さらにまた別の問題がある。その「信号」が解読可能なメッセージであるとは考えにくいということだ。それはおそらく、もとをたどれば有機的な地球外生命に行き着くものの、私たちにはとうてい理解できないような超複雑な機械の副作用（ことによると機能不全の結果）だったりするのではないだろうか（ちなみにその有機的な地球外生命は、故郷の惑星にまだ存在しているのかもしれないし、ずっと昔に死に絶えているのかもしれない）。私たちにも解読可能なメッセージを出してくれる知的生命がいるとすれば、それはおそらく少数の、私たち人間の偏狭な概念にちょうど合致したテクノロジーを使っている一派ぐらいのものだろう。したがって、ある信号がメッセージとして意図されたものなのか、それとも単なる「漏れ」なのか、私たちには判断のしようがない。そんな私たちがコミュニケーションをとれるのか？

かつて哲学者のルートウィヒ・ウィトゲンシュタインはこう言った。「もしライオンが話せても、私たちはそのライオンを理解できない」。地球外生命との「カルチャーギャップ」は、このように埋めがたいものなのか。私は必ずしもそうだとは思わない。いずれにしても、向こうがどうにかして意思の疎通を図ってくれれば、彼らは自分たちが物理学や数学や天文学をどう理解しているかを伝えてくれるだろう。彼らの生まれ育ちは「惑星ゾーグ」〔イギリスの俗語で、現実からかけ離れた場所や状況の代名詞〕なのかもしれないし、体に七本の触手がついているのかもしれない。あるいは金属や電子でできているのかもしれない。しかし、彼らもまた、私たちと同じような原子でできているだろう。そして同じ宇宙を見つめ（目がついているなら）、同じ高温高密度の始まり――約一三八億年前の「ビッグバン」——に端を発しているだろう。ただし、当意即妙の軽快なやりとりは望めない。もし存在するとしても、地球外生命はうんと遠いところにいるだろうから、メッセージのやりとりには数十年、ともすれば数百年かかることになる。

知的生命が宇宙のいたるところに存在していたとしても、私たちに認識できるのはごく一部の変わった生命体だけかもしれない。ある種の「脳」は、私たちには思いもつかない様式で現実を取り込んでいるかもしれない。また別の生命は、省エネ型の瞑想的な生活を送り、その存在を明かすようなことは何もしないで生きているのかもしれない。探査の手始めとして、まずは長命な星のまわりを回っている地球型の惑星に焦点を絞るのは妥当なことだ。しかしサイエンスフィクションの作者がたびたび思い出させてくれるように、もっと変わった別の可能性もある。とくに、なにかと「エイリアン文明」を持ち出す癖には要注意だ。これはあまりにも限定的すぎる。「文明」という言葉は個人が集まった社会を連想させるが、それどころか地球外生命は、単一の統合された知能であってもおかしくない。また、たとえ信号が送られてくるとしても、私たちがそれを人工的なものとして認識できるとは限らない。その信号の解読のしかたを知らないだけかもしれないからだ。ベテラン電波技師でも振幅変調（AM）にしか慣れていないなら、現代の無線通信を解読するには難儀するかもしれない。実際、圧縮技術は信号をできるだけノイズに近づけることを目的にしている。信号が予測可能であるかぎり、そこにはつねに圧縮の余地がある。

これまでの焦点はスペクトルの電波の部分に絞られてきた。しかしもちろん、私たちはどこに何があるのかもわからない状態なのだから、あらゆる波長帯を探らなければならないだろう。可視光線もエックス線も調べるべきだし、自然とは思われない現象や活動のさまざまな証拠を見落とさないようにもするべきである。地球外惑星の大気にフロンのような人工的な分子の証拠を探すのもいいだろう。あるいはダイソン球のような巨大な人工物の証拠を探してもいい（ダイソン球というのはフリーマン・ダイソンが提唱したアイデアで、エネルギー浪費型の文明が主星のエネルギーをすべて活用するために、その星の周囲をぐるりと光電池で覆い、「廃熱」を赤外線として放出する）。また、この太陽系の内部で人工物を探してみる価値もある。人間大のエイリアンが来訪した可能性は排除できるかもしれないが、もし地球外文明がナノテクノロジーに精通していて、そこの知的生命を機械に移し変えていたなら、一群の超小型探査機による「侵略」が知らないうちに起こっていた可能性はあるかもしれない。さらに見落とさないようにしておきたいのは、小惑星の内部にひときわ輝く物体や、ひときわ奇妙な形状の物体が潜んでいる可能性だ。しかし当然ながら、気が遠くなるほど広大な星間空間を渡ってくるよりも、電波信号やレーザー信号を送るほうが簡単ではあるだろう。

いくら楽観的なＳＥＴＩの探索者でも、成功の見込みが数パーセントを超すとは見ていないと思う。実際、ほとんどの人はもっと悲観的だ。それでもこの試みは、やってみるに値する賭けだと思わせるほど魅力的だ。ぜひとも自分が生きているあいだに探査が始まるのを見たいと、誰だってそう思うだろう。そしてこの探求にふさわしい、よく知られた二つの格言もある。「とんでもない主張には、とんでもない証拠が必要になる」。しかし「証拠の不在は、不在の証拠ではない」

同時に、自然現象がときにどれほど意外な真似をするかを知っておく必要もある。たとえば一九六七年、ケンブリッジの天文学者たちは、定期的な電波の「ビープ音」が一秒間に何度か繰り返されることに気がついた。これはひょっとして宇宙人からのメッセージか？　その可能性を否定しないぐらい柔軟な研究者もいたが、まもなく、そのビープ音はきわめて高密度の未検出の天体から発せられていたことが明らかになった。中性子星である。この直径わずか数キロメートルの天体は、毎秒数回転（場合によっては数百回転）の速度で自転しながら、私たちに向かって深宇宙から「灯台ビーム」を送っている。現在、中性子星は何千個も確認されているが、この天体の研究により、とりわけ刺激的で有益なテーマが明らかにされてきた。この星にあらわれている極端な物理状況では、実験室で絶対にシミュレートできないような条件を自然が生み出していたのである。★8 もっと最近では、いまだに謎めいた新種の「電波バースト」が発見されており、パルサー（一定周期でパルス状の電波やX線を放射する天体）よりもさらに強力に電波を放射している。★9 しかし一般に、これに関しては自然現象としての説明を探す方向にある。

SETIプロジェクトは民間の寄付に頼っている。私からすると、これが公共の出資を得られないのは驚きだ。もし私が政府委員会の前に立たされたなら、新しい巨大粒子加速器に出資を求める場合ほど遠慮がちでなく、堂々とＳＥＴＩプロジェクトを擁護できると思うのだが。それは『スター・ウォーズ』系の映画を見ている何千何万という人が、自分の払った税金の何分の一かがＳＥＴＩのための担保になるのであれば喜ぶだろうと思うからだ。

いつの日か、私たちは地球外知的生命の証拠を見つけられるかもしれない。ひょっとしたら（こちらはもっと見込みが薄いが）なんらかの宇宙人的なものの意識にプラグを「接続」することだってあるかもしれない。一方、やはり私たちの地球が唯一無二で、探査が失敗に終わることもありうるだろう。そうなれば探索者にとってはがっかりだ。しかし、人類の存在を長く響かせられるという点では朗報だろう。私たちの太陽系は、やっと寿命の半ばにさしかかったばかりだ。もし人類が次世紀のあいだに自滅するのを免れられたら、あとはポストヒューマン時代が手招きする。地球発の知的生命が銀河系いっぱいに拡散して、今の私たちには想像もつかないような複雑さにあふれたものに進化する。もしそんなふうに進んだら、私たちの小さな惑星——宇宙空間に浮かぶ青白い小さな点（ペイル・ブルー・ドット）——は、全宇宙で最も重要な場所になっていてもおかしくない。

いずれにしても、私たちの宇宙の住環境——この星と銀河の散らばる広大な天空——は、生命の住処となるべく「設計」され、「調整」されているように見える。単純なビッグバンに始まって、驚異的な複雑さがつぎつぎに発展し、やがて私たちの出現にいたった。たとえ今は宇宙の中で孤独でも、私たちはこの「ドライブ」——より複雑な、より明敏な意識を持ったものへの道行きの絶頂にいるのではないのかもしれない。そう考えれば、自然法則に関わる非常に深遠なものが見えてくる。そしてついでに、ちょっとばかり寄り道をしてみようかという気にもなってくる。次章ではその寄り道として、宇宙論研究者が考える時間と空間の最も広い地平をのぞきにいってみよう。

第4章　科学の限界と未来

4・1 単純なものから複雑なものへ

架空の話をしよう。もし「タイムマシン」が私たちのちょっとした「ツイート」を過去の偉大な科学者に届けてくれるとしたら——。相手はニュートンでもアルキメデスでもいい。どんなメッセージがいちばん彼らを啓蒙し、持っていた世界観を一変させるだろう。私の意見では、私たち人間も含めて日常世界のありとあらゆるものが一〇〇種類弱の原子でできているのだと知ることこそ、目を見張るほどの知見なのではないかと思う。たくさんの水素と酸素と炭素の原子。そこに少量ながら決定的な要素として混じる鉄やリンや、その他さまざまな元素の原子。あらゆる物質は——生物も非生物も——その構造を、こうした原子がさまざまに組み合わさる複雑なパターンと、そのときどきの原子の反応によって決定されている。そしてあらゆる化学反応は、原子の内部にある正の電荷を持った原子核と、そのまわりをぶんぶん飛び回る負の電荷を持った電子との相互作用によって決まるのである。
原子は単純な物質だ。原子の性質は量子力学の方程式（シュレーディンガー方程式）で記述できる。宇宙的なスケールにおいても同じく、ブラックホールはアインシュタインの方程式で記述できる。これらの「基本」がすでに十分に理解されているからこそ、技術者は現代世界のあらゆる物体を設計できるのだ（アインシュタインの一般相対性理論はGPS衛星に実際的な応用を見いだした。衛星の時計に重力効果を考慮した適切な修正を施さなかったら、もはや衛星時計は正確無比ではなくなってしまう）。

あらゆる生物の入り組んだ構造は、基本的な法則の運用から何層にも重なった複雑さが出現できることの明らかな例証である。数学的なゲームを試してみてもいい。単純なルールをひたすら繰り返し実践していくと、その単純なルールから驚くほど複雑な結果が出ることが実感として理解されるだろう。

現在プリンストン大学で教授をしているジョン・コンウェイは、数学界の最もカリスマ的な人物のひとりである。[★1] 彼がケンブリッジで教えていたころ、学生たちのあいだで「コンウェイを称える会」という集まりができたほどである。学者としてのコンウェイの専門は、群論と呼ばれる数学の一分野だ。しかし、学問の世界を超えてコンウェイを有名にし、世の中に知的な衝撃をもたらしたのは、彼が考案した「ライフゲーム」という一種のシミュレーションゲームだった。

一九七〇年、コンウェイは碁盤を使ってパターンの実験をしていた。このとき彼は、単純なパターンから開始して、基本的なルールを繰り返し使っていくゲームを発明したいと思っていた。そしてそのうちに、自分の考えたゲームのルールと開始時のパターンを調整すれば、展開によってはとんでもなく複雑な結果が出ることを発見した。なにしろゲームのルールがいたって基本的だったから、その結果はまさに無から出てきたようにさえ見えた。「生物」が現れ、盤上を動きまわる。そのさまは、まるで自らの命を持っているようだった。ルールは本当に単純で、どういうときに白いマスが黒いマスに変わるか（および、その逆）を規定しているだけだが、それを何度も適用するうちに、複雑なパターンが感嘆するほど多種多様に生まれてくる。このゲームにはまった人々は、さまざまな再生パターンを発見しては、物体に見立てて「グライダー」や「グライダー銃」などと名づけた。

コンウェイはさんざん「試行錯誤」を繰り返したすえに、興味深い新種が生まれる余地のある単純な「仮想世界（バーチャルワールド）」を見つけだした。パソコンの時代が来る前だったのでコンウェイは紙と鉛筆を使ったが、ライフゲームの意味するところが本当に知られるようになったのは、コンピューターの桁違いの速度を利用できるようになってからだった。同様に、ブノワ・マンデルブロがフラクタルの驚異的なパターンを描画できるようになったのも、初期のパソコンのおかげだった。これもまた、単純な数式が外見上の入り組んだ複雑さをみごとに記号化できることの例証だ。

ほとんどの科学者は、物理学者のユージン・ウィグナーが書いた古典的な随筆にあらわれている、えもいわれぬ困惑を共有している。その随筆のタイトルは、「自然科学における数学の不合理なまでの有効性」という。[★2] あるいはアインシュタインのこんな言葉についても同様で、これまた大いなる謎なのだ――「宇宙に関して最も理解しがたいことは、宇宙が理解可能だということである」。私たちは物理世界が無秩序でないことに驚嘆する。たとえば原子だ。これは遠くの銀河にあっても私たちの実験室にあっても、つねに同じ法則にしたがっているではないか。前にも触れたように（3・5の項）、もし私たちが地球外生命を発見できて、彼らとコミュニケーションをとりたいと思ったとき、そこで互いを結びつけられる共通文化は、おそらく物理学と数学と天文学しかないだろう。数学は科学の言語である。そしてそれは、古代バビロニア人が暦を考案し、食を予言したときからずっとそうなのだ（同じように、音楽が宗教の言語だという見方もある）。

量子論の先駆者のひとりであるポール・ディラックは、数学の内在的な論理がいかに新しい発見への道筋を示せるかを証明した。ディラックはこう断言している。「前進するための最も効果的な手法は、純粋数学のあらゆる資源を利用して、理論物理学の既存の基盤を形成する数学的形式の完成と一般化をめざすこと、および――この方向でそれぞれが成功したのちに――新しい数学的特徴の解釈を物理学的存在の観点から試みることである」。[★3] このアプローチを実践したディラックは、道筋のままに数学を追求して、ついに反物質のアイデアに行き着いた。「反電子」――今日「陽電子」と呼ばれているもの――が理論的に発見される数日前、ディラックはある方程式を考案した。

その方程式は、反電子を含めないとどうしても醜く見えてしまうのだった。

現代の理論家も、ディラックと同じ動機を持っている。より深い階層で現実を理解できるようになりたいとの思いから、とうてい直接的には調べられないような、極小のスケールに関わる弦理論〔ひも理論、ストリング理論とも呼ばれる〕などの概念を探っている。これと反対側の、極端に大きいスケールでも話は同じだ。私たちの望遠鏡で観測できる宇宙は「一部分」であって、宇宙全体はそれをはるかに超えて広がっている――そんなことを暗示する宇宙理論が一部の研究者のあいだで探られている（4・3の項を参照）。

この宇宙のあらゆる構造は、数学法則に支配される基礎的な「構成要素（ビルディングブロック）」でできている。にもかかわらず、総じてその構造があまりにも複雑なため、最も強力なコンピューターを使っても計算できない。しかし、おそらく遠い未来には、ポストヒューマン知能（有機物ではなく、自律的に進化する物体に収まったもの）がハイパーコンピューターを開発し、そのとてつもない処理能力で生物のシミュレーションを達成し、果ては世界全体のシミュレーションまでも可能にするだろう。この高等な存在は、ハイパーコンピューターを使って「宇宙」もシミュレートできるかもしれない。それはただの盤上のパターン（コンウェイのゲームのような）ではなく、映画やコンピューターゲームでおなじみの「特殊効果」の延長でもない。いざ実際に、自分がいると思っている宇宙とまったく同じくらい複雑な宇宙をシミュレートされたなら。ぞっとするような考えが（ありえない妄想だとは思いつつ）

浮かんでくるだろう――ひょっとしたら私たちもシミュレーションなんじゃないのか⁉

4・2　この複雑な世界を理解する

かつてはサイエンスフィクションの中でだけありえたことも、しだいに真剣な科学的議論の場に登場するようになってきた。ビッグバンの最初の瞬間から地球外生命の可能性まで、今の科学者はフィクション作家でもほとんど想像しないような奇妙な世界に導かれている。一見すると、もっと手近なところに悩ましい問題がたくさんあるときに、わざわざ遠い宇宙のことを理解しろというのは――いや、理解しようとすることさえ――厚かましいのでは、と思うかもしれない。だが、それは必ずしも公正な評価ではない。逆説でもなんでもなく、全体は部分より単純だったりするのだ。そこらにある煉瓦(れんが)を思い浮かべてみよう。その形状はいくつかの数字で言い表せる。だが、それを叩き割ってみたら。粉々になった煉瓦の断片は、そんな簡潔には言い表せない。

科学の進歩はつぎはぎに見える。変な話かもしれないが、最もよく理解されている現象のいくつかは、宇宙のとても遠いところで起こる現象だ。すでに一七世紀の段階で、ニュートンは「天の時計仕掛け」を説明できていた。だから食を理解できたし、食を予言することもできた。しかし理解はしていても、予言できないことはたくさんある。たとえばどこかへ食を見に行こうと思っている人が、曇天に遭遇するか晴天に遭遇するかは一日前でさえ予測しがたい。実際、ほとんどの場合において、どれだけ先を予測できるかには根本的な限界がある。それはちょっとした偶発性が――蝶がはばたくかどうかといったようなことが――結果を指数関数的に大きく変えるからだ。こうした理由から、どれほど精緻な計算をもってしても、イギリスの天気はたいてい数日前でも予報できない（ただし――これは重要なことだが――だからといって長期的な気候変動が予測できないわけではなく、来年の一月は七月の今より寒いに決まっているという確信が弱まるわけでもない）。

今の天文学者は、重力波検出器に示されるわずかな振動の原因を、地球から一〇億光年以上も離れた二つのブラックホールの「衝突」のせいだと自信を持って言いきれる。[★4] ところが対照的に、誰にとっても関心のある日常的な問題のいくつか――たとえば食生活とか育児とか――は、いまだに「専門家」のアドバイスが毎年のように変わるほど理解がお粗末だ。私が子供のころ、牛乳と卵は健康によいとされていた。一〇年後、それらはコレステロール含量が高いから危険だと見なされるようになっていた。そして今は、ふたたび無害だと見られているらしい。だからチョコレートとチーズが大好きな人も、もう少し待っていれば、それらが健康によいと言ってもらえるかもしれない。そして最もありふれた病気の多くには、いまだに治療法が見つかっていない。

しかし実際のところ、難しそうな遠い宇宙の現象をしっかり理解できるようになっていながら、それでいて日常的なことに頭を悩まされているのは、なにも逆説的なことではない。これは天文学の扱う現象が、生物学や人間科学に比べて（あるいは「ローカル」な環境科学と比べてさえも）はるかに複雑でないからなのだ。

＊

しかし複雑さとは、どう定義し、どう測定するべきなのだろう。公式な定義として、ロシアの数学者アンドレイ・コルモゴロフからは以下のとおり提案されている。ある物体の複雑さは、その物体の完全な記述を生成できる最短のコンピュータープログラムの長さに依存する。

たった数個の原子でできているものが、非常に複雑であるわけはないだろう。大きなものが複雑なものであるとも限らない。たとえば結晶を考えてみればいい。結晶がどんなに大きくとも、それが複雑だと言われることはない。塩の結晶のレシピなどはいたって短い。ナトリウム原子と塩素原子を用意して、ぎゅっとまとめ、それを何度も繰り返せば立方体の格子ができあがる。逆に、大きな結晶を用意して、それを細かく切る。どれだけ切り刻んでも、ついに一個の原子の尺度になるまではほとんど構造が変わらない。大きさは桁外れだが、星もかなり単純だ。星の中心核はとてつもなく熱いので、化学物質が存在できない（複雑な分子はちぎれてしまう）。中心核はつまるところ、原子核と電子が集まった不定形のガスなのだ。奇妙な様相のブラックホールにしても、じつは自然界の中でも相当に単純なものである。一個の原子を記述する方程式とそう変わらない複雑さの方程式で正確に記述ができるぐらいだ。

一方、現代のハイテク製品は複雑だ。たとえば一〇億個のトランジスタを組み込んだ一個のシリコンチップは、最終的に数個の原子に行き着くまでのあらゆるレベルの構造を持っている。しかし、何より複雑なのは生きているものである。動物は、単一細胞内のタンパク質から四肢や主要臓器にいたるまで、連結された内部構造を何種類かのスケールで持っている。動物が切り刻まれたりすれば、もう動物の本質は保存されない。あとは死ぬだけだ。人間は原子よりも星よりも複雑である（ついでに言うと、質量ではちょうどその中間にある。太陽質量と等しくなるのに必要な人体の数と、人間ひとりの体内にある原子の数はほぼ同じだ）。人間の遺伝学的レシピは三〇億のＤＮＡ配列にコード化されている。ただし、人間は完全に遺伝子に決定されるわけではない。人間の形成には環境も経験も関わっている。そして私たちの知るかぎり、この宇宙で最も複雑なものは人間の脳である。思考と記憶（脳内でニューロンによってコードされるもの）は遺伝子よりもはるかに多様だ。

しかしながら「コルモゴロフ複雑性」と、あるものが実際に複雑に見えるかどうかとのあいだには重要な違いがある。たとえばコンウェイのライフゲームを進めていくと、複雑そうに見える構造が出現する。しかし、それらはすべて短いプログラムで記述できる。特定の開始ポジションをとり、ゲームの単純なルールにしたがって何度も同じことを繰り返すだけなのだ。マンデルブロ集合の入り組んだフラクタルのパターンも同様で、やはり単純なアルゴリズムの結果である。とはいえ、これらは例外だ。私たちの日常の環境にある大半のものは、予測が不可能なほど、もしくは詳細を完全に言い表せないほど複雑なのである。にもかかわらず、それらの本質はだいたいにおいて把握できる。少しばかりの重要な洞察が働くからだ。ものごとを統一するすばらしいアイデアのおかげで、私たちのものの見方は変わってきた。大陸移動の概念（プレートテクトニクス）は、世界中のたくさんの地質学的パターンと生態学的パターンをまとめて理解するのに役立っている。ダーウィンが見つけた自然選択を通じての進化という考え方は、この惑星のあらゆる生物がひとまとまりの生命の網であることを明らかにする。そしてDNAの二重らせんは、遺伝の普遍的な基盤を明かしている。自然界にはパターンがある。さらに私たち人間がどう行動するかにもパターンがあり、都市の成長や、疫病の広まりや、コンピューターチップのようなテクノロジーの発達にもすべてパターンがある。私たちが世界を知れば知るほど、世界を見て悩むことは少なくなり、それだけ世界を変えることができるようになる。

科学は階層制になっているように見られることがある。建物の階と同じように順番に重なっていて、より複雑な系を扱う分野が、より高いところに位置している。素粒子物理学が一番下の階なら、残りの物理学はその上、さらにその上に化学が来て、その上に細胞生物学、その上に植物学と動物学が来て、その上に行動科学と人間科学が来る（そして経済学者は最上階のペントハウスを要求するだろう）。

この階層制における科学分野の「順番」は、とくに物議をかもすものでもない。だが、それよりも物議をかもすのは、「一階の科学」――とくに素粒子物理学――がほかの科学より深いとか、基礎的だとかいう感覚である。たしかにある意味ではそのとおりだ。物理学者のスティーヴン・ワインバーグが指摘したように、「矢はつねに下を向く」。別の言い方をすると、ひたすらなぜ？なぜ？なぜ？と問いつづけていったなら、おのずと素粒子レベルにたどりつく。ワインバーグ流に言えば、科学者はほぼ全員が還元主義者で、どれほど複雑なものも含めて、すべてはシュレーディンガー方程式の解であると確信している。古い時代の「生気論者」とは違い、生き物には何か特別な「精気（エッセンス）」が注入されていると考えたりはしないのだ。しかしながら、この還元主義は、概念の面では役に立たない。もうひとりの偉大な物理学者、フィリップ・アンダーソンが強調したように、「多は異なり（more is different）」なのである。つまり、たくさんの粒子を含んだ巨視的な系は、そこで初めて出現する「創発的（エマージェント）」な性質を見せるのだから、その系のレベルにふさわしい新しい概念の観点から理解するのが最もよい、ということだ。

水がただ導管や川を流れていくだけの、なんの不思議もない現象でも、それを理解するには粘性や乱流といった「創発的」な概念の観点が必要になる。流体力学の専門家は、水が突きつめればH_2O分子でできていることなど気にしない。彼らは水を連続体として見ているからだ。たとえハイパーコンピューターが彼らのために、流れに関するシュレーディンガー方程式を一個一個の原子にいたるまで解いてくれたところで、その結果のシミュレーションは、波がどう砕けるか、なぜ流れが乱流になるかについての洞察を何ひとつ与えてはくれないだろう。そして本当に入り組んだ現象——たとえば渡り鳥の移動や、人間の脳など——が理解されるためには、新しい還元不可能な概念がよりいっそう不可欠になる。階層制における別々の階での現象は、それぞれ別の概念——たとえば乱流であれ、生存であれ、警戒であれ——の観点から理解されるものなのだ。脳は細胞の集まりであり、絵画は顔料の集まりだ。しかし重要かつ興味深いのは、それらのパターンや構造であり、言い換えれば、それらの創発的な複雑さだということになる。

したがって、科学を建物にたとえるのはよろしくない。建物は、土台が弱ければ構造全体が危険にさらされる。しかし実際、本物の建物とは対照的に、複雑な系を扱う「上層」の科学は土台が不安定でもびくともしない。科学の各分野には、それぞれに独自の概念と説明様式がある。科学の還元主義は、ある意味では正しい。しかし役に立つかと問われれば、まずそんなことはない。素粒子物理学や宇宙論の研究者は、全科学者のわずか一パーセント程度だ。ほかの九九パーセントの科学者は、「もっと上」の階で研究している。彼らはそれぞれ自分の分野の複雑性と格闘しているのであって、原子核以下の物理についての現在の理解が足りないことと格闘しているのではない。

4・3　物理的現実はどこまで拡大するか

太陽は四五億年前に形成された。だが、太陽が燃料を使い果たすのは、まだ六〇億年以上も先のことになる。そのときが来れば、太陽は燃え上がり、太陽系の火星までの惑星を飲み込んでしまうだろう。そのあとも宇宙は――おそらく永久に――膨張を続け、ますます冷えて、ますます物質がなくなっていく。ウディ・アレンの言葉を引用すれば、「永遠はとても長い――とくに終わりに向かっているあいだは」

太陽の死を目撃する生き物がなんであれ、それは人間ではないだろう。私たちが虫と違っているのと同じぐらいに、その生き物は私たちと違っている。ポストヒューマンの進化は――この地球においても、もっとはるか遠くでも――ダーウィン的進化によって人間が生まれるまでと同じぐらい長い時間がかかるかもしれないし、驚異的という点ではそれ以上かもしれない。いまや進化は加速している。「インテリジェント・デザイン」を通じた進化がテクノロジーの時間尺度で、自然選択よりもずっと速いペースで起こったとしても不思議ではない。それを可能にするのが遺伝学とＡＩの進歩だ。遠い未来を任されるのは有機的な生命ではなく電子的な「生命」なのかもしれない（３・４の項を参照）。

宇宙論の観点から言えば（それどころかダーウィン的な時間尺度でも）、一〇〇〇年などは一瞬にすぎない。そこで、数百年どころか数千年でもなく、その何百万倍もの「天文学的」な単位で時間を「早送り」してみよう。あまたの星の生と死が織りなす銀河系の「生態」は、しだいに変化がゆるやかになり、今から四〇億年かそこらののちに、ついにアンドロメダ銀河の衝突による「環境的ショック」を受け、激しく揺さぶられて終わるだろう。この銀河系と、アンドロメダ銀河と、これらの周辺にあるもっと小さな銀河たち――現在で言うところの局部銀河群――の残骸は、その後ふたたび寄り集まって、星々の不定形な一群を形成するだろう。

宇宙のスケールでは、空っぽの空間に潜んでいる謎の力のほうが重力よりも強くなる。そのため、この謎の力によって銀河どうしはつねに互いから押しやられている。銀河は加速しながら遠ざかり、地平線の先へと消えていく。ちょうどブラックホールにものが落ち込んでいくところを逆回しにしたようなイメージだ。一〇〇〇億年が経過したのちに視界に残るのは、私たちのいる局部銀河群の死んだ星と死につつある星、それだけである。しかし、その状態がさらに何兆年も続いたならば――。

おそらくそれだけの時間があれば、生命系が複雑さを獲得し、「負のエントロピー」が頂点に達する長期的なトレンドが進行できる。かつては星の内部やガスの中にあったあらゆる原子が、生物やシリコンチップのような複雑な構造に変換されるかもしれない――が、それは宇宙のスケールでだ。暗くなっていく空間を背景に、陽子が崩壊し、ダークマター粒子が対消滅し、ときどきブラックホールが蒸発するときの閃光が走る――そして沈黙が訪れるのかもしれない。

一九七九年、フリーマン・ダイソンは（すでに2・1の項で登場済みだ）、「宇宙の運命が必ずそこに収まるという数値境界を定める」ことを目的とした、いまや古典となっている論文を発表した。[★5] あらゆる材料がコンピューターや超知能に最適転換されたとしても、そこで処理される情報の量にはやはり限界があるのだろうか。思考される思考の数に際限はないのだろうか。その答えは、宇宙論しだいだ。温度が低ければ、計算を実行するのに必要なエネルギーは少なくなる。私たちが見るかぎりでのこの宇宙の場合、ダイソンが提議した限界は有限だ。しかし「思考者」がずっと低温でいられて、かつ思考速度が遅ければ、その限界は最大限まで伸びる。

空間と時間に関する私たちの知識は、まだ完全ではない。アインシュタインの相対性理論（重力と宇宙を記述する理論）と量子原理（原子スケールを理解するのに不可欠な理論）は二〇世紀物理学の二大柱だが、それらを統一する理論はいまだ完成していない。現時点で出ているアイデアからすると、この先の進歩は、何よりも単純そうに見えるものを完全に理解できるかどうかにかかっている。それはすなわち「単なる」空っぽの空間（真空）のことなのだが、そこは起こりうることがすべて起こる場所であり、豊かに織りなされてはいるのかもしれないが、原子の兆×兆分の一という極小のスケールで存在する。弦理論にしたがえば、通常の空間における各「点」は、この倍率で見た場合、複数の余剰次元にきつく折り込まれた「折り紙」のように見えてくるという。

私たちが望遠鏡で観測できる宇宙の領域には、同じ基本法則がくまなく適用される。そうでなかったら――もし原子が「無秩序」にふるまうのだったら――私たちは観測可能な宇宙をここまで理解できてはいなかっただろう。とはいえ、この観測可能な領域が物理的現実のすべてであるという保証もない。宇宙論研究のいくつかの推論では、「私たちの」ビッグバンは唯一のビッグバンではなかったと考えられている。その場合の物理的現実は、「多宇宙（マルチバース）」をまるごと内包できるほどに広大なのだ。

私たちは有限の広さ、有限の数の銀河しか見られない。それは結局のところ、地平線があるからだ。私たちは殻に取り囲まれているようなものであり、その殻の遠さが私たちのところまで光が届く最大の距離となっている。しかし、その殻が物理学的に持つ意味は、海の真ん中にいたときに見える地平線の円となんら変わりない。どんなに保守的な天文学者でも、私たちの望遠鏡でとらえられる範囲に収まる時空――天文学で伝統的に「宇宙」と呼ばれてきたもの――が、ビッグバンのその後の結果の断片にすぎないことは確信している。観測はできないが、地平線の先にもたくさんの銀河が存在していて、私たちの銀河と同じように、そのすべての銀河がこれからも（そこに知的生命がいたならそれもいっしょに）進化していくはずなのだ。

これはおなじみのたとえ話だが、もしサルをタイプライターの前に座らせて十分な時間を与えたなら、いずれサルはシェイクスピアの作品を書き下ろすだろう（というより、ほかのあらゆる本も書き下ろす。そして同時に、考えられるかぎりのあらゆる意味不明な文字の羅列も書き下ろす）。この見解は、数学的には正しい。しかしながら、最終的な成功の前に重ねられる「失敗」の数が、およそ一億桁にものぼってしまう。目に見える宇宙に存在するすべての原子の数でさえ、たった八〇桁なのにである。もし銀河系内のすべての惑星にサルがうようよ住んでいて、最初の惑星ができたときからずっとサルにタイプを打たせていたとしても、サルがものせる最高傑作は、せいぜい短い十四行詩（ソネット）だろう（作品の中には、全世界の文学のどれかと部分的に一致する短文があるかもしれないが、一作まるまると一致することはありえない）。一冊の本になるほどの長さで特定の文字列を打ち出すなんて、あまりにも考えにくいことだから、それが観測可能な宇宙の範囲内で起こることは一回すらないだろう。サイコロを振って最終的に6の目が続けて出ることはあっても、一〇〇回以上続けて出ることは（6に重みでもかかっていないかぎり）一〇億年待ってもないだろう。

とはいえ、宇宙が十分に遠くまで広がっていれば、何が起こったとしてもおかしくはない。ひょっとすると私たちの地平線のはるか先には、地球のレプリカだってあるかもしれない。ただしそれには、空間がとてもとても大きいことが前提となる。一〇〇万桁どころではなく、一〇の一〇〇乗桁で記述される大きさが必要だ。一〇の一〇〇乗、つまり一のあとに〇を一〇〇個つけた数字をグーゴルという。一のあとにゼロを一グーゴル個つけた数字はグーゴルプレックスだ。

十分な空間と時間があれば、考えられるかぎりの一連の事象はすべてどこかで起こりうる。それはそうだが、そうした事象のほとんどは、私たちが観測を果たせそうな範囲をはるかに超えたところで起こることになるだろう。さまざまな可能性を組み合わせれば、あちこちに私たち自身のレプリカがいて、可能な選択肢をすべて選んでいるなんてこともあるかもしれない。選択をしなければならないときは、そのレプリカたちがそれぞれの選択肢を選んでくれる。たとえ自分の選択を「やむなく」したものだと感じたときでも、遠くのどこか（私たちの観測の地平線のはるか先）に自分とは反対の選択をしたアバターがいると思えば、せめてもの慰めになるかもしれない。

こうしたすべては、「私たちの」ビッグバンが時間とともに驚くほど大きく広がった、その結果の内側で起こっているものと考えられる。だが、それがすべてではない。私たちが伝統的に「宇宙」と呼んでいるもの――私たちの「ビッグバン」の結果――は、ひょっとしたら空間と時間のほんの一区画で、数知れない群島のうちのひとつの孤島にすぎないのかもしれない。ひょっとしたらビッグバンは一回でなく、何回も起こっていたのかもしれない。この「多宇宙」を構成するいくつもの宇宙がそれぞれ別々に冷えていって、最終的に別々の法則に支配されているのかもしれない。無数の惑星のひとつである地球がきわめて特別な惑星であるように、私たちのビッグバンも――規模は桁違いだが――やはりどこか特別なビッグバンだったのかもしれない。このとほうもなく拡大された宇宙観で見ると、アインシュタインの法則も量子の法則も、もはや宇宙の一角を支配するだけの偏狭な準則でしかなくなるだろう。このように、空間と時間は、顕微鏡でも見られないような極小のスケールでとらえると複雑に入り組んだ「粒子」状になるかもしれないが、逆に、極端に大きな――天文学者にもとうてい探査できないような――スケールでとらえても、豊かな生態系の動物相と同じぐらい複雑な構造をしているかもしれないのだ。現在の私たちにとっての物理的現実の概念は、全体に対する関係で言うと、匙（さじ）一杯分の水を「宇宙」とするプランクトンが得られる地球観と同じぐらい限定されたものであるのかもしれない。

しかし、これは真実なのだろうか。二一世紀の物理学者が挑むべきは、次の二つの疑問に答えることだ。第一は、「ビッグバン」はひとつではなく、いくつもあるのか、ということ。そして第二の――さらに興味深い――疑問は、もしいくつもある場合、それらはすべて同じ物理に支配されているのか、ということだ。

もし私たちが多宇宙にいるとしたら、それは四度目にして最大のコペルニクス的転回だ。最初はコペルニクス自身が起こした大転換で、次が私たちの銀河に何十億もの惑星系があるとわかったこと、そして次が、私たちの観測可能な宇宙に何十億もの銀河があるとわかったことである。だが今や、それだけではない。天文学者に観測できる空の全景が「私たち」のビッグバンの結果のわずか一部だったと思われるうえに、そのビッグバン自体が、無限のビッグバンの集まりのうちの一個にすぎなかったかもしれないのである。

（一見すると、並行宇宙という概念はあまりにも意味不明で、なんらかの実際的な影響をもたらすとは思えないかもしれない。しかしながら、この概念は〔さまざまな異種のひとつとして〕まったく新しい種類のコンピューターの可能性を示唆しているかもしれない。すなわち、量子コンピューターである。これはコンピューターの負荷を無限に近い数の並行宇宙のあいだで実質的に分け合うことによって、最速デジタルプロセッサーでも超えられない限界を超越できると考えられる。）

五〇年前、私たちはまだ、ビッグバンがあったかどうかもよくわかっていなかった。たとえばケンブリッジで私の師だったフレッド・ホイルなどは、永久不変の「定常状態」の宇宙を好んでいたため、ビッグバンの概念に真っ向から異を唱えた（結局、彼はついに考えを変えなかった。晩年になって彼が支持したのは、「定常バン」とでも呼べそうな妥協的なアイデアだった）。現在、私たちは宇宙の歴史を超高密度だった最初のナノ秒までさかのぼって描けるだけの十分な証拠を持っている。地質学者が地球の初期の歴史を推論できるのと同じぐらいの確信を持てている、ということだ。したがって、今から五〇年以上先のことを見越せば、日常世界での実験と観測で裏打ちされた「統一」物理理論が見いだせているのではないかと期待しても楽観が過ぎることはないだろう。この統一理論とは、現在の理論が適用される範囲をはるかに超えて密度とエネルギーが高かった、最初の兆×兆×兆分の一秒後に起こったことを記述できるぐらいに遠大な理論だ。もしもその未来の理論がいくつものビッグバンを予言するのなら、たとえその予言を直接的に証明するのが不可能でも、私たちはやはりそれを真剣に受け止めるべきだろう（観測不可能なブラックホールの内側に関してアインシュタインの理論から導かれることに、今の私たちが信を置いているのと同じようにだ。なぜならこの理論は、観測が可能な領域においていくつもの検証を経てきているのだから）。

今世紀が終わるころには、私たちが多宇宙に生きているのかどうかを、そして、それを構成しているいくつもの「宇宙」がどれほどの多様性を示すのかを問えるようになっているかもしれない。それに対する答えしだいで、私たちが暮らしている（あるいはもしかすると、いつか接触を図るかもしれない地球外生命と共有している）「生命に優しい」宇宙をどう解釈すべきかが決まるだろう。

私は一九九七年に出版した『始まりの前に（*Befor the Beginning*）』という本で、[★6] 多宇宙についての推論をした。これを考察した理由のひとつは、私たちの宇宙に「生命愛（バイオフィリア）」があるのかと思えるような特徴があり、それらの特徴がまたうまく微調整（ファインチューニング）されているように見えることが気になっていたからだった。しかし、「手を替え品を替え」るかのごとくに基本定数と基本法則を変えている一揃いの宇宙をすべて内包しているのが物理的現実であるのなら、驚きは何もない。大半の宇宙は最初から生命を生まないか、生んでも育たないかのどちらかなのに、たまたま私たちのいるところは創発的な複雑さが法則によって許される宇宙のひとつだったということだ。このアイデアの支えになっていたのが、一九八〇年代に登場した「宇宙のインフレーション」理論である。この理論は、私たちの観測可能な宇宙の全体がどうして微視的な大きさの事象から急激に「生長」できたのかについて、新しい洞察をもたらしていた。そして後年、このアイデアがさらに真剣な関心を集めるようになったきっかけは、弦理論によって多くの異なる真空が存在する可能性が浮上してきたことだった。それらの真空は、それぞれ別の法則に支配される微視的物理が働く場なのではないかと考えられるようになってきたわけである。

私はこうした考え方の変遷と新しいアイデアの出現（まだ推論ではあるが）を注意深く眺めてきた。二〇〇一年には、このテーマについての会議の主催にも関わった。場所はケンブリッジだったが、大学ではない。街外れにある私の自宅だ。農場内の家屋の改装した納屋は、私たちの議論にいくぶん厳粛な雰囲気を与えた。そして数年後、私たちは再度、その後の研究成果を伝えあう会議を開いた。今回の場所は打って変わって、大学内のトリニティ・カレッジのかなり広い部屋で、演壇の背後にはニュートン（最も有名なカレッジ出身者）の肖像が鎮座していた。

理論研究者のフランク・ウィルチェック（まだ学生の時分にいわゆる素粒子物理学の「標準理論」の構築に一役買ったことで知られる）は、どちらの会議にも参加していた。そして二度目の会議での講演で、前回と今回との対照的な会議の雰囲気をみごとに言い当てた。

ウィルチェックは一度目の会議で、自分たちのことを「境界（フリンジ）」の声と表現した。基本的な定数と別の宇宙との共謀についての奇妙な論を何年にもわたって売り込んでいる、辺境の分野の連中というわけである。この物理学者たちの独特の関心とアプローチは、数学的に完璧な唯一無二の宇宙をなんとかうまく構築することに専心していた理論物理学の一致団結した前衛部隊とは、まったく相容れないようなものだった。しかし、そのウィルチェックが二度目の会議ではこう言った。「前衛部隊は行軍の結果、辺境の地の預言者たちと合流しました」

数年前、私はスタンフォード大学での公開討論会に参加し、そこで司会者からこう聞かれた。『賭けるとしたら飼っている金魚か、飼っている犬か、それとも自分の命か』で、多宇宙の概念にどれくらい自信を持っているかを教えてください」。どれかといえば犬でしょうか、と私は答えた。この質問に、二五年にわたって「永久インフレーション」説を推してきたロシア出身の宇宙論研究者アンドレイ・リンデは、命を賭けてもいいぐらいです、と答えた。後日、この話を聞いた著名な理論研究者のスティーヴン・ワインバーグは、喜んでマーティン・リースの犬とアンドレイ・リンデの命に賭ける、と言った。

アンドレイ・リンデも、私の犬も、私自身も、この問題が決着するころには死んでいるだろう。これは形而上学ではない。きわめて推論的ではあるが、刺激的な科学だ。そして実際、これが真実である可能性だってある。

4・4 科学は行き止まりにぶつかるか

知識の限界が押し広げられるたび、限界のすぐ先にあった新しい謎が明確に見えてくる――これが科学の特徴だ。私の専門分野である天文学では、予期せぬ発見が絶えず刺激を生んできた。どの分野でも、どの段階でも、つねに「未知の未知（unknown unknowns）」があることだろう（ドナルド・ラムズフェルドはこの言い回しを別の文脈で使って嘲られたが、もちろん彼の言うことは正しかった。彼が哲学者なら、もっと世界のためになっていたのかもしれない）。しかし、もっと深い疑問がある。人間の理解力を超えているがために、私たちにはどうしても知りえないこともあるのだろうか。私たちの脳は、はたして現実のあらゆる決定的な特徴を理解できるだけの適性を持つのだろうか。

私たちはむしろ、自分たちがどれほど多くのことを理解してきたかに驚嘆するべきだ。そもそも人間の直観は、遠い祖先がアフリカのサバンナで遭遇した日常的な現象に対処するために進化した。私たちの脳はそのころからほとんど変わっていない。したがって、直観に反するような量子世界や宇宙のふるまいを脳が把握できるというのはすごいことなのだ。私は以前、現在の多くの謎に対する答えも今後数十年のうちには明確になってくるだろうと思っていた。だが、もしかすると、すべてがそうではないのかもしれない。現実のいくつかの決定的な特徴は、私たちの概念把握力を超えているのかもしれない。そうであるなら、私たちはいつか行き止まりにぶつかるだろう。私たちの長期的な運命にとって非常に重要で、物理的現実を完全に理解するうえでも不可欠な現象でありながら、サルが星や銀河の性質を認識しないのと同じぐらいのレベルで、私たちがどうしても気づかないような現象もあるのかもしれない。もし地球外生命が存在していたら、なかには私たちが想像もしない意識構成や、まったく違った現実認識をする「脳」を持っているものもあるのだろうか。

すでに私たちはコンピューターの計算能力から補助を受けている。コンピューター内の「仮想世界」で、天文学者は銀河の形成を模倣してみたり、別の惑星を地球に衝突させて、月はこんなふうに形成されたのかと確認したりすることができる。あるいは気象学者なら、天気予報のためや長期的な気候傾向予測のために大気のシミュレーションをすることができる。脳科学者なら、ニューロンがどう相互作用するかをシミュレートできるだろう。ビデオゲームがコンソールのパワー向上と、それによる計算能力の増大にともなってますます精巧になっていったように、これらの「仮想」実験もますます現実味のある、ますます有益なものになっていった。

さらに言えば、人間の脳の働きだけでは見過ごしていた発見をコンピューターがなしえてしまうことも十分に考えられる。たとえばある種の物質は、非常に低い温度まで冷却すると、完璧な電気伝導体（超伝導体）になる。そして現在、通常の室温でもその状態になれる超伝導体の「レシピ」探索が続けられている（これまでに実現した超伝導体転移温度の最高は、標準圧力のもとでおよそ摂氏マイナス一三五度、高圧下の硫化水素ではもう少し上がって、およそマイナス七〇度だ）。これが実現すれば、無損失での大陸横断送電が可能になり、効率のよいリニアモーターカーも導入できるようになる。

こうした探求には多くの「試行錯誤」がともなう。しかし材料の性質を計算することはできるようになりそうで、しかも、その計算速度が半端ではない。実際の実験を行なうよりもはるかに速く、何百万もの候補をコンピューターで計算できるのである。もしも機械が唯一無二の上出来なレシピを見つけたら、と考えてみてほしい。それはAlphaGoと同じように成功したということかもしれないが、こちらの場合、科学者だったらノーベル賞をもらっていいようなことを達成しているのである。その機械のふるまいは、あたかも専門に特化された自らの世界の内側に、洞察力と想像力まで持ち合わせているかのようだろう――AlphaGoがそのいくつかの手で、人間のチャンピオンをうろたえさせ、感心させたのと同じようにだ。同様に、新薬の最適な化学成分の選定も、今後はますます現実の試験よりコンピューターに任されていくだろう。すでに航空技師は何年も前から、翼に当たる気流のシミュレーションを風洞試験ではなくコンピューター計算で行なっている。

そして同じぐらい重要なのが、膨大なデータセットを「高速処理（クランチング）」することにより、かすかなトレンドや相関関係を識別できるようになることである。遺伝学での例をとると、知能や身長のような資質は遺伝子の組み合わせによって決定される。その組み合わせを特定するには、わずかな相関関係を見つけだせるぐらいに高速で大量のゲノム試料をスキャンできる機械が必要になる。このような手順は、金融トレーダーが市場のトレンドを探し当てて迅速に対応するのにも使われている。そのおかげで顧客の投資家は、ほかの全員からの資金を流用できるのだ。

ちなみに、人間の脳が理解できることには限界があるという私の説に対して、異議を唱えているのが物理学者のデイヴィッド・ドイッチュだ。「量子計算」という重要な概念をいち早く提唱した人物である。ドイッチュは刺激的で秀逸な著作『無限の始まり』において[★7]、どんなプロセスも原理的には計算可能だと指摘している。それは事実だ。しかしながら、何かを計算できることと、それを洞察力をもって理解することとは同じではない。幾何学での一例を考えてみよう。幾何学において、平面上の点は二つの数字で示される。x 軸に沿った距離と、y 軸に沿った距離の二つだ。学校で幾何学を勉強した人ならわかると思うが、$x^2 + y^2 = 1$ という方程式は、円を記述したものである。また、有名なマンデルブロ集合は、数本の直線で記述できるようなアルゴリズムによって記述される。そしてその形状は、そこそこの能力のコンピューターを使ってもプロットできる。マンデルブロ集合の「コルモゴロフ複雑性」はそれほど高くないのである。しかし人間の場合、ただアルゴリズムを与えられただけでは、円を視覚化できるのと同じような意味で、このとてつもなく入り組んだ「フラクタル」のパターンを把握し、視覚化することはとてもできない。

今世紀のあいだに、科学にはさらに劇的な進歩があるだろう。今は私たちを悩ませている多くの疑問にも答えが出て、また別の、今の私たちには考えもつかないような新しい疑問が出てくるのだろう。それでもやはり、私たちはある可能性を受け止められるようにしておくべきだ。自然についてのいくつかの基本的な真実はあまりに複雑すぎて、私たちがどれだけ全員で努力しても、コンピュータなどの補助を受けない人間の脳では完全に理解できないのかもしれないということである。

実際、私たちはこの脳そのものの謎もきっと最後まで理解しないだろう。どうしたら原子が寄り集まってできた「灰白質（かいはく）」が自らのことをわかって、自らの起源のことを考えたりできるのか。あるいは私たちが出現できたぐらいに複雑な宇宙というものは、ひょっとするとまさにその理由から、私たちの頭では理解できないほどに複雑なのかもしれない。

遠い未来を任されるのが有機的なポストヒューマンなのか、それとも知能を持った機械なのかは、議論すべき問題だ。しかし、物理的現実を完全に理解することが人間の能力の範囲内にあると思ったり、子孫のポストヒューマンを悩ませるような謎はもう何ひとつ残らないなどと思うのは、あまりにも人間中心的な考えが過ぎるというものだろう。

4・5　神について

天文学者がよく聞かれる質問の第一位が、宇宙にいるのは私たちだけでしょうか？――だとすれば、第二位は間違いなく、あなたは神を信じますか？――である。私の答えを穏便に言えば、私は神を信じてはいないが、何かに対して驚嘆したり神秘的に思ったりする気持ちは、神を信じる多くの人と同じように持っている。

科学と宗教との関わりは、いまだ物議をかもすものだが、本質的に一七世紀からはずっとそんな調子だった。ニュートンの発見は、宗教側に（加えて反宗教側にも）さまざまな反応を引き起こした。一九世紀のチャールズ・ダーウィンのときは、もっとひどかった。今日の科学者はといえば、それぞれ多様な宗教的姿勢を示している。伝統的な信仰者もいれば、筋金入りの無神論者もいる。私の個人的な意見では――科学と宗教との建設的な対話（もしくは非建設的な論争でもいいが）を促進したいと望む人にとっては退屈な意見だが――もし科学の追求から何か学べるものがあるとするなら、それは、原子のようないたって基本的なものですら、理解するのはたいへん難しいということだ。こう認識すると、当然ながら、どんな教義や信条にも懐疑を抱くようになる。同様に、存在の深い意味合いに関わることに、きわめて不完全で比喩的な洞察以上のものを果たしたと主張されても、やはり疑念を持たざるを得ない。かつてダーウィンが、アメリカ人生物学者のエイサ・グレイに宛てた手紙の中でこう言っている。「この分野は、すべてが人間の知能には手に負えないほど深いのだと、せつに感じ入っています。犬がニュートンと同じような頭でものを考えていたっておかしくないでしょう。人間はそれぞれが好きなように望み、信じるしかないのかもしれません」★8

創造論者は、神が地球を多かれ少なかれ現在のような姿に創造したと信じている。この考えでは、新しい種が出現したり複雑さが強化されたりするような余地はなく、もっと広い宇宙全体にもほとんど注意が払われない。これに純粋な論理で反駁するのは不可能であり、たとえ宇宙が創造されたのは一時間前で、私たちの記憶も、古い歴史の痕跡も、すべてそのときいっしょに創造されたのだと主張されても、そうですかとしか言いようがない。「創造論」の諸概念は、いまだにアメリカの多くの福音派のあいだと、イスラム世界の一部で権勢を振るっている。ケンタッキー州には「創造博物館」という施設があり、そこの広報が「実物大」と称するノアの方舟が展示されている。全長約一五五メートル、総工費は一億五〇〇〇万ドルだ。

この創造論をより洗練させた変種――「インテリジェント・デザイン」――が、今の主流だ。この概念は、進化を認めている。ただし、人間の出現にいたるまでの驚くほど長きにわたる事象の連なりを、無作為な自然選択で説明できるということは否定する。ほとんどのことは段階的に進んでいて、生物の主要な構成要素は一足飛びにできあがるのではなく、一続きの進化的な段階を必要としたと思われるが、そのあいだの中間段階で生存に有利な条件が与えられることはないのだという。だが、この論法は伝統的な創造論と同じようなものだ。この論の「信者」は、まだ理解されていない点（それはたくさんある）の詳細にこだわって、そのような謎めいた部分が進化論の根本的な欠陥になっていると主張する。そこに超自然的な介入を引っぱってくれば、たしかに「説明」できないことは何もない。したがって、どれほど「口先」だけであろうと説明がつくことで成功が測れるのなら、「インテリジェント・デザイナー」はいつだって勝利するだろう。

とはいえ、説明に価値があるのは、その説明によって本質的に異なる別個の現象が統合されたり、それらの現象が単一の基本原理や統一概念に関係づけられた場合だけだ。そのような原理のひとつが、「ひとつの長い論証」と称してダーウィンが著した『種の起源』で詳述されているような、ダーウィン的自然選択である。もっと言えば、何かを統一する最初の偉大なアイデアは、ニュートンの万有引力の法則だった。これにより、私たちを地上にとどめ、リンゴを地面に落としているおなじみの重力が、月や各惑星を軌道にとどめている力と同じものだとわかったのである。ニュートンのおかげで、私たちはリンゴの落下をすべて記録しなくてもよくなった。

インテリジェント・デザインは、さかのぼれば古典的な論にたどりつく。結局のところ、デザインにはデザイナーが必要なのだ。約二〇〇年前、神学者のウィリアム・ペイリーが、今ではよく知られる時計と時計職人のたとえを提示した。目や、ほかの指と向かい合いになる親指などを引き合いに出し、これらこそ慈悲深い創造主の証拠だと述べたのである。[★9] 今の私たちは、どんな生物学的な仕掛けのことも、長きにわたる進化論的な選択が周囲環境との共生とあいまって生じた結果であると見なしている。ペイリーの論は、もはや神学者のあいだでも支持されていない。[★10]

ペイリーから見ると、天文学はデザインの証拠をぽんぽん出してくれる科学ではなかったが、それでも彼はこう述べている。「とはいえ、天文学がほかの何にもまして、〔創造主の〕営みのスケールを示していることは明らかだ」。もしペイリーが、銀河や星や惑星や、元素表の個々の元素を生むにいたった、神の摂理とも思えるような物理のことを知っていたなら、彼の反応は違っただろうか。宇宙はごく短いレシピで明記できる単純な始まり――「ビッグバン」――から進化した。だが、物理法則は「所定の」ものであって、進化したものではない。このレシピが特別に見えると主張されれば、それはペイリーの言う生物学的な「証拠」ほどあっさりとは却下できない（多宇宙に関する可能な説明については4・3の項で言及している）。

そしてペイリーの現代版にあたるのが、元数理物理学者のジョン・ポーキングホーンで、彼は私たちの微調整された住環境を、「意志の力でそれをそのようにさせている創造主の被造物」と解釈する。[★11] 私は以前、ポーキングホーンとなごやかな公開討論を行なったことがある。なにせ彼は、ケンブリッジの学生だった私に物理学を教えてくれた人なのだ。私は基本路線として、彼の神学にもとづく見解はあまりに人間中心的で、信用できると見なすには制約が大きすぎると考えている。ポーキングホーンは「インテリジェント・デザイン」を信奉してはいないが、ある部分では神が世界に影響を及ぼせると考えている。神は、わずかな変動に対しても反応が起こって結果が生じるようなときとところで、ちょっと押したり引いたりの手を加えることによって世界を変える――すなわち最小限の、すぐに見えなくなってしまう努力でもって、最大限の効果を与えられるというのである。

私はキリスト教（もしくは他の宗教でも）の聖職者と会うときに、いつも聞こうとしていることがある。それは彼らの「最終ライン」についてで、その教義の支持者にどうしても受け入れてもらわなければならない「理論的な最低限」はどんなものだと見ているか、ということである。多くのキリスト教徒が「復活」を歴史上の物理的な出来事と見なしているのは明らかだ。ポーキングホーンも確実にそのひとりで、彼はこれに科学の装いを凝らし、キリストはあるエキゾチックな物質状態に遷移したのであって、黙示録にある終末が訪れたときには、その状態がほかの誰にも起こるのだと説明する。また、カンタベリー大主教のジャスティン・ウェルビーは、二〇一八年の復活祭のメッセージで、もし復活が「ただの物語や比喩であるなら、率直に言って、私はこの職を辞するべき」であると述べていた。しかし、いったい何人のカトリックが、聖人に列せられるための条件として候補者が起こさなければならない二度の奇跡――認定審査の「実際的」な部分――を本気で信じているのだろう。こんな文字どおりの意味の信仰をこんなに多くの人が持っていることに、私は心から当惑を覚える。

私は自分のことを、実践はするが信仰はしていないキリスト教徒だと思っている。似たような概念は、ユダヤ人のあいだによく見られる。金曜日の夜にろうそくを灯（とも）したりするなど、伝統的なしきたりを守って暮らしている人はたくさんいる。しかし、だからといって、彼らはその宗教をなにがなんでも第一とするわけではなく、ましてや、その宗教に唯一無二の真実があると主張するわけでもない。むしろ無神論者を自称する人だっているぐらいだ。同じように、私は「文化的キリスト教徒」として素直に英国国教会の儀式に（毎度ではないが）参加する。これは私が子供のころから慣れ親しんできた宗派なのだ。

一方、筋金入りの無神論者は、宗教的な教義や、いわゆる「自然神学」――物理世界に超自然的存在の証拠を見いだそうとするもの――に対して嚙みつきすぎる。こうした人々は、知性が足りないわけでも過度に純真なわけでもないのが明らかな、それでいて「宗教的」な人々がいることに気がつかなければならない。主流の宗教との平和的な共存に努めるどころか、それを攻撃していたら、原理主義と狂信に対する共闘はますますかなわない。結果的に科学の力を弱めることにもなる。もしイスラム教徒やキリスト教福音派の若者が、きみたちの神などいない、進化論を受け入れろと言われたら、彼らはきっと自分たちの神を選んで、科学に背を向けるだろう。ほとんどの宗教の信奉者は、自分の宗教の共同社会的なところ、儀式的なところに高い重要性を見いだしている。実際、多くの信者にとっては信仰よりも儀式のほうが優先されたりするのかもしれない。世の中を分断するものが数多くあり、変化が不穏なほど急速に進んでいる時代に、そうした共有儀式はコミュニティ内に絆をもたらす。さらに伝統ある宗教は、信奉者を過去の世代に結びつけることで、未来の世代に劣化した世界を残すべきではないという私たちの思いを確実に支えてくれるだろう。

こうした考えが、そのまま次の最終章へとつながっていく。私たちは二一世紀の課題にどう応じるべきなのだろう。そして現在の世界の姿と、ほかの「被造物」とともに暮らす場所としての理想的な世界の姿をどう考え、どのようにしてその差を埋めていくべきなのだろう。

第5章　結び

5・1　科学の営み

本書の第1章では、今世紀に起こっている大きな変化を取り上げ、それが世界の環境にかつてないほどの速さで、かつてないほどの負荷をかけていることを確認した。第2章では、今後数十年のうちに実現すると見込まれる科学的な進歩を主題とし、その利点とあわせて、倫理的なジレンマや混乱のリスク、さらには大惨事の危険についてまで考察した。第3章では、空間と時間の両面で、もっと広い地平を探り、私たちの惑星をはるかに超えた領域や、「ポストヒューマン」の未来がやってくる可能性についての推論をした。第4章では、人間やこの世界をもっと深く理解できる見込みがどれだけあるのかを考え、私たち人間が学べることは何か、どうがんばっても理解できそうにないことは何かを推測してみた。そして、この最後の何ページかでは、今のこの場所にもっと近寄ってみることにする。この背景幕に対して、科学者がどんな役を演じられるのかを探ってみたい。

科学者には科学者ならではの特別な義務がある。だが、それとは別に、人間として、および未来の世代に受け継がせる世界の現状を憂える市民として、誰もが負うべき義務も負っている。

だが、まずは重要な整理をしておこう。私はつねに「科学」という言葉を、テクノロジーもエンジニアリングも包含する便利な一言として使っている。科学的な概念を実際的な目的のために利用して実行するのは、ときに、最初にその概念を発見するよりも難しい。私のエンジニアリング関係の友人たちが大好きなアニメに、二匹のビーバーが巨大な水力発電ダムを見上げている場面がある。片方のビーバーがもう片方に言う。「僕があれを建てたわけじゃないけど、あれは僕のアイデアをもとにしているな」。そして、私がいつも同僚の理論家たちに言うのは、スウェーデン出身の技師で、ファスナーの発明者であるギデオン・サンドバックのことだ。彼は私たちの大半がとうてい果たせないような大きな知的躍進を遂げたのである。

科学者は一般に、科学的手法と評される独特の手順にしたがうものと思われている。この思い込みはもう忘れてもらうべきだと思う。むしろ科学者は、弁護士や探偵がやっているのと同様の手順にしたがっていると言ったほうが真実に近い。現象を特徴ごとに分類し、証拠を査定して、合理的に論理の道筋をつけるのだ。これに関連した（それも有害な）誤解が、科学者の考えることには質的にとくに「選り（よ）すぐられた」ものがあるという思い込みだ。「学術的な能力」は、それよりもずっと広い概念である知的能力の一面であって、知的能力ならば一流のジャーナリスト、法律家、エンジニア、政治家などがみな等しく持っている。ある種の科学分野で業績を上げるには、じつのところ聡明すぎないのが一番いい、と断言するのはE・O・ウィルソン（1・4の項でも引用した生態学者）である。[★1] ウィルソンはなにも、科学者の研究生活に差し挟まれる（まれにではあるが）ひらめきやエウレカの瞬間を軽んじているのではない。だが、何万もの種のアリの世界的な専門家であるウィルソンにしても、その研究には何十年もの苦闘を要した。ただ安楽椅子で理論をひねっているだけではいられないのだ。ゆえに、うんざりするというリスクもある。実際、ウィルソンは正しい。関心が長続きしない――「キリギリス頭」の――人は、ウォール街の「ミリ秒トレーダー」なりなんなりの仕事に就いたほうが幸せになれるかもしれない（やりがいを感じるかどうかはともかくとして）。

たいていの科学者は哲学のことをどうとも思わないが、哲学者の中には科学者に共感を抱かせる人もいる。とくにカール・ポパーは、二〇世紀後半に科学者の心をとらえた。[★2] 科学理論は原則として反証可能でなければならないというポパーの意見は、そのとおりだった。どのような不測の事態にも合わせられるように調整できるほど、ある理論が柔軟性に富んでいる――もしくは、その提案者がいかにもいかがわしそうに感じられる――のであれば、その理論は本物の科学ではない。輪廻（りんね）がいい例だ。ある有名な本の中で、生物学者のピーター・メダワーもこの点から、[★3] もう少々剣呑（けんのん）な調子でフロイト派の精神分析を厳しく叱責し、最後には完全に息の根を止めにかかった。「全体として見れば、精神分析はなんの役にも立たない。これは最終製品であり、しかも、いうなれば恐竜や飛行船のようなもので、この残骸の上にもっと優れた理論が築かれる可能性がまったくない。これは二〇世紀の思想の歴史の最も悲惨にして、最も奇妙なランドマークとして永久に残るだろう」。しかしながら、ポパーの説それ自体にも二つの弱点がある。第一に、解釈はつねに文脈しだいだということだ。たとえばマイケルソン＝モーリーの実験について考えてみよう。これは一九世紀末に、実験室がどれほど高速で運動していても、光の速さ（実験室内の時計で計測される速さ）がつねに同じであることを証明した実験だ。そして地球が公転運動しているにもかかわらず、光の速さは一年中つねに同じだった。これはのちに、アインシュタインの理論の自然な帰結であると理解された。しかし、もし同じ実験が一七世紀に行なわれていたら、これこそ地球が動いていない証拠だとして持ち出され、コペルニクスへの反駁（はんばく）材料にされていただろう。そして第二の弱点は、反証にどれほどの説得力が必要とされるかの判定は、十分に裏づけのある理論が放棄される前になされなければならないということにある。一説によれば、DNA構造の共同発見者であるフランシス・クリックはこう言ったという。ある理論がすべての事実に一致するなら、それは悪い知らせだ。なぜならいくつかの「事実」が間違っている可能性が高いからである。

ポパーに次ぐ第二位の人気を勝ち取ったのは、アメリカ人哲学者のトーマス・クーン――および、彼の提案した「通常科学」のあいだに差し挟まれる「パラダイムシフト」という概念――だ。[★4] 地球を中心にした宇宙という概念を覆したコペルニクスの地動説は、ひとつのパラダイムシフトと認められる。原子が量子効果に支配されているとわかったことも同様だ。これはまったく直観に反していて、今なお謎を残している。しかし、クーンの多くの弟子たちは（クーン自身は違うと思うが）このフレーズをあまりにも自由に使いすぎた。たとえばつねづね、アインシュタインはニュートンを打倒したと言われるが、これはあまりフェアでない。むしろ、ニュートンを超えたと言ったほうが公正だ。アインシュタインの理論は、もっと広い範囲――力がとても強く、速さがとても速い状況――に適用されて、重力、空間、時間について、もっと深い理解を与える。既存の理論を断片的に修正し、もっと普遍性の高い新しい理論に吸収するのが、これまでのほとんどの科学のパターンだ。[★5]

科学には、種類の異なるさまざまな専門知識と、さまざまな様式が必要とされる。思索にふける理論家や、独立独歩の実験家や、実地にデータを集めるエコロジストや、巨大な粒子加速器や大々的な宇宙計画に取り組む準産業的なチームがいて、初めて科学の追究が可能となる。科学研究はだいたいにおいて、小さな研究グループでの議論と共同作業からすべてが始まる。一分野を切り開くような先駆的な論文を書きたいと欲する人もいれば、すでに理解されているテーマを整理して体系化した決定版の専攻論文を書くことに、より大きな満足を覚える人もいる。

実際、科学はスポーツと同じぐらい多様なものだ。空疎な一般論に陥らずして、スポーツを普遍的に語ることは難しい。人間の生来的な競争心を褒め称えたりするのが関の山だろう。それよりも、特定のスポーツの独自の特徴について語ったほうがよほど興味深いし、大いに盛り上がった試合の詳細や主要選手の個性について語ったほうがよほど説得力がある。科学についても同じことだ。特定の科学には特定の手法としきたりがある。そして最も人々に関心を抱かせるのは、ひとつひとつの発見や洞察の魅力なのである。

科学が進歩を積み重ねるには、新しいテクノロジーと新しい装置が必要だ。ただしもちろん、それを理論や洞察と共生させることが前提である。装置といっても種類はさまざまで、「卓上」サイズのものもあれば、粒子加速器のように巨大なものもある。ジュネーブのCERNにある直径九キロメートルの大型ハドロン衝突型加速器（LHC）はその最高峰で、今のところ世界で最も精巧な科学装置でもある。これが二〇〇九年に完成したときは、熱狂的な大騒ぎが起こって広く世間の関心を呼んだものだが、同時に疑問も持ち上がった。原子核以下の物理などという一般人にはわけのわからない科学になぜそんなにも莫大な資金が投入されるのかという疑問は、たしかに理解できるものである。しかしながら、この科学の一分野には特別な点がある。多くの国から参加している素粒子物理の専門家たちが、一個の巨大な装置を建設して運用しようというヨーロッパ主導の共同事業に自ら進んで身を投じ、二〇年近くもの長きにわたって、持てるもののほとんどを提供してきたことである。イギリスを含めた参加国が負担する年間総額は、各国の科学予算の合計の約二パーセントにしかならない。これほど挑戦的で基礎的な分野への割り当てとすれば、決して不釣り合いに多いとは思われない。自然の最も基本的な謎のいくつかを探ろう――そしてテクノロジーを限界まで高めよう——とする、この単一プロジェクトでの世界的な共同作業は、間違いなく私たちの文明が誇れるものである。同様に、天文学の装置も今では多国籍コンソーシアムによって運営されており、そのうちのいくつかは真に世界規模のプロジェクトになっている。たとえばチリのアルマ望遠鏡（正式名称はアタカマ大型ミリ波サブミリ波干渉計）には、ヨーロッパ、アメリカ、日本からの参加がある。

これから研究に携わろうという人は、自分の個性に合ったテーマを選ぶべきだが、自分の技能や好みも考慮しておいたほうがいい（向いているのはフィールドワークか？　コンピューターモデリングか？　高精度実験か？　はたまた膨大なデータセットの扱いか？）。さらに言えば、若い研究者は、発展が急速に進んでいる分野——新しい技術、より強力なコンピューター、より大きなデータセットに触れられるところ——に参入すると、とくに満足感が得られると思う。そういう分野では、上の世代の経験値が大幅に割り引かれるからだ。そしてもうひとつ言っておくと、最も重要な問題や、最も基礎的な問題にまっすぐ飛び込むのは賢明でない。その問題の重要性に、自分がその問題を解ける確率を掛けて、積が最大になるようにするべきだ。たとえば宇宙と量子の統一のような問題が、ぜひとも到達したい知的最高峰のひとつであるのは疑いない。とはいえ、大志ある科学者が全員でそこに群がってもしかたない。考えてみれば、がん研究や脳科学における大きな難問にしても、真正面からぶつかるのではなく、小刻みに攻略していくことが必要とされているではないか（3・2の項で言及したように、生命の起源の探求もかつてはこのカテゴリーに入れられていた。今でこそ時宜を得た、取り組みやすいテーマと見られているが、つい最近まではそうでなかったのだ）。

では、キャリアの半ばで新しい科学分野に転向したい場合はどうだろう。そこに新しい知見や新しい観点をもたらせるのは「プラス」の部分だ。実際、最も活気に満ちた分野はたいてい伝統的な学問分野の境界を横断している。一方、古来の知恵として、科学者としての成長と年齢が比例しないというのはよく言われることである。いわゆる「バーンアウト〔燃え尽き〕」に陥るからだ。物理学者のヴォルフガング・パウリが、三〇歳過ぎの科学者をこきおろした有名な台詞がある。「まだこんなに若くして、すでにこんなに無名だ」。しかし私としては、ただの希望的観測ではなく、年を重ねた科学者だってしょぼくれてばかりではいないと思うのだ。私たちには三つの運命があるように思う。第一は、最もよくあるケースで、研究への集中力がしだいに弱まっていく。これを埋め合わせるように別方向で活発になる人もいるが、そのまま休眠状態に向かってしまう人もいる。第二は、何人かの偉大な科学者がたどった道で、無分別にも過度な自信から他の分野につぎつぎと手を染めていく。このルートをたどる人は、自分では依然として「科学をやっている」と思っている。この世界を、この宇宙を理解したいのだとは思っているが、もはや伝統的な小刻みの方法で研究することには満足を得られなくなっている。不相応に手を広げすぎて、彼らを尊敬していた人たちを困惑させたりもする。この症候群を悪化させてきたのが、高齢になった著名人は概して批判から守られやすいという傾向だ。とはいえ、階層性の薄まった社会の多くの利点のひとつとして、少なくとも欧米では、そのような隔離は以前よりなされなくなっている。加えて共同作業の側面が色濃くなってきている昨今の科学では、誰にも触られないなんてことはできない相談だろう。しかし、これらとは別の第三の道もある。最も称賛すべきその道は、ともかく自分が得意なことを継続することである。若い人のほうが年寄りよりも簡単に身につけられる新しい技術もあるだろう。どう望んでも自分はせいぜい現状を維持するだけで、新たな高みにのぼれる見込みはなさそうだ。そんなことを受け入れながらも、自分が競えるところで戦いつづける。

もちろん「遅咲き」の例もある。しかし、最後の作品が最高傑作である作曲家がたくさんいるのに比較して、科学者にそんな例はほとんどない。その理由を私なりに考えてみると、作曲家は若いころに、その時代に世に広まっていた文化や様式に影響を受けている（これは科学者も同じである）。しかし作曲家はその後、「内面の成長」を通じて単独で自分を高め、深化させることができる。それに対して科学者は、ずっと最前線にとどまりたければ、つねに新しい概念や新しい技術を取り込んでいく必要がある。これが年をとるほどに難しくなるのだ。

多くの科学――とりわけ天文学と宇宙論――は一〇年単位で絶えず進歩する。したがって、多くの研究者は現役のあいだに「進歩の弧」が伸びていくのを見られるだろう。量子理論を体系化する一九二〇年代の革命的な進歩を先導したポール・ディラックは、当時のことを「二流」の人々が

「一流」の仕事を果たした時代だと言っていた。私の世代の天文学者にとっては幸いなことに、私たちの分野ではここ数十年がまさにそれだった。

優れたスタートアップ企業がそうであるように、一流の研究所は、独創的なアイデアと若い才能をはぐくむ最高のインキュベーター（孵卵器（ふらんき））であるべきだ。しかし現在、伝統的な大学や研究機関では、それを邪魔してくれそうな人口学的トレンドがひっそりと進んでいる。五〇年前、科学界の職は高等教育の拡大の波に乗って指数関数的に成長を続けており、若年層が高齢層を数で上回っていた。加えて、年齢が六〇代も半ばになれば引退するのが普通だった（総じて義務でもあった）。だが、今の学術界は、少なくとも欧米では拡大しておらず（そして多くの分野では飽和状態に達しており）、強制的な定年もない。少し前の時代には、三〇代の初めまでにグループを率いるようになりたいと思っても何もおかしくなかったが、いまやアメリカの生物医学界では、最初の研究助成金を四〇歳前にもらえるのが珍しいぐらいになっている。これは非常に厳しい前兆だ。科学はこれからも、ほかのキャリアなど思い描けない「専門馬鹿」をつねに呼び込んでいくだろう。そして研究所は助成金申請の書類を書くことに甘んじる職員でいっぱいになり、しかもその申請はたいてい落ちると来ている。しかし科学界は、柔軟な才能と、三〇代までに何かをなしとげたいという大志を持った人材もそれなりの数で引き寄せる必要がある。もしもその希望をかなえる見込みがないとわかれば、そうした人々は学術界から遠ざかり、自ら起業をめざしたりするかもしれない。そのルートは本人に大きな満足を与え、多くの人が喜ぶ公益ももたらすが、長い目で見れば、やはりそうした人々が基礎学問の最前線に身を投じてくれることは重要なのだ。そもそもＩＴとコンピューター計算の発展は、さかのぼれば一流大学での基礎研究に端を発する。だが、これも場合によっては一世紀近くも前の話だ。そして医学研究がぶつかった「つまずきの石」も、基礎が不安定なことから生じている。たとえばアルツハイマー病治療薬が臨床試験を通過できなかったことで、ファイザー社は神経薬の開発プログラムを放棄せざるを得なくなったが、この失敗も脳の機能についての理解がまだ十分でないこと、そして研究を今一度、基礎科学に立ち返らせるべきであることを示唆しているのかもしれない。

世界に豊かさが広まり、余暇が増えていく中で――さらにＩＴのもたらす接続もあいまって――これからは何百万という高い教育を受けたアマチュアや「市民科学者」が、世界のどこにいても、かつてなく自由に自分の興味を追求できるようになるだろう。こうした傾向に後押しされて、第一線の研究者たちが伝統的な大学の研究室や公的な研究所の外で最先端の仕事を進めることも可能になるだろう。そうした道が増えてくれば、研究機関としての大学の牙城はしだいに崩れ、二〇世紀より前には一般的だった「独立科学者」の重要性が復活してくる。そしてうまくいけば、真に独創的なアイデアがますます花開けるようになるかもしれない。

5・2　社会における科学

本書の主題は、社会の重要な課題に対して賢明な選択ができるかどうかに私たちの未来がかかっているということである。エネルギー、健康、食料、ロボット、環境、宇宙――考えるべきことはいくらでもある。そして、その選択には科学が関わってくる。だが、重要な決断を科学者だけでくだしていいわけではない。その決断は私たち全員に関わることであり、したがって一般市民を含めた広い議論のすえの結果であるべきだ。そして実際にそうなるためには、私たちの誰もが、科学の主要なアイデアの「触感」を十分に得る必要がある。危険や可能性やリスクを評価するための数量的思考能力を十分に持ち合わせる必要もある。そうすることで、専門家にいいようにされたり、ポピュリズム的なスローガンを安易に信じたりするのを避けられるようになるからだ。

民主主義がもっと活発になることを切望する人たちは、一般的な有権者がいかに関連する事柄に関して物知らずであるかを口癖のように嘆く。だが、無知は科学だけの問題ではない。市民が自分の国の歴史を知らなかったり、第二言語を話せなかったり、北朝鮮やシリアを地図で見つけられなかったりすれば、それもまた同じぐらい残念なことである。だが、実際には多くの人がそんな感じだ（ある調査では、アメリカ人がブリテン島を見つけられる割合は三分の一にすぎなかった！）。これに関して非難されるべきは教育制度と文化全般であって、科学者が特別に嘆く理由は何もないと思う。実際、私はこんなにも多くの人が恐竜や土星の月やヒッグス粒子などに——どれも日々の暮らしに微塵(みじん)も関係ないのに——関心を持っていること、そしてこれらの話題がこんなにも頻繁に大衆メディアに取り上げられることに、嬉しさと驚きを感じているぐらいだ。

しかしもうひとつ言うならば、実用はさておいて、これらのアイデアは私たちの共通文化の一部であるべきだと思う。なんといっても、科学は真にグローバルな文化のひとつなのだ。陽子(プロトン)、タンパク質(プロテイン)、ピュタゴラス——これらは中国からペルーまで、どこでも同じだ。科学はあらゆる国籍の壁を超越できるし、あらゆる信仰の上にまたがれるはずである。私たちの自然環境や、生物圏と気候を支配する原理を理解しないのは、知的な損失と言っていい。そしてダーウィン進化論や現代宇宙論が見せてくれる驚愕の世界を知らずにいるのも同様だ。「ビッグバン」に始まって、恒星、惑星、生物圏、人間の脳と、つぎつぎに創発的な複雑さが現れてくる一連の過程を経て、宇宙は自らの存在に気づいたのである。これらの「法則」やパターンは、まさに科学の大勝利だ。これらを発見するには才能ある人々の献身が必要だった——いや、それこそ天才が必要だったかもしれない。そして偉大な発明にも同じぐらいの才能が必要となる。しかし、主要なアイデアを理解するのはそれほど難しいことではない。ほとんどの人は、たとえ作曲ができなくても音楽を理解できるだろう。演奏ができる必要さえない。同じように、科学の主要なアイデアは多かれ少なかれ、誰にでも理解できて、誰にでも楽しめるものだ——専門用語でない普通の言葉と、単純な図解を使って伝えてもらえさえすれば。専門的な詳しい話には腰が引けるかもしれないが、それならそれは専門家に任せておけばいい。

テクノロジーの進歩にともなって、世界は徐々に、ほとんどの人が前の世代より安全に、長く、満足して生きられるところになってきた。この好ましい流れは今後も続くだろう。だが一方で、環境の悪化や、止めようのない気候変動や、先進テクノロジーの意図せぬ弊害が、これらの進歩にはついてまわる。今よりさらに人口が増え、エネルギーや資源の需要が高まって、テクノロジーでできることが多くなった世界では、いつ私たちの社会に深刻なつまずきが生じてもおかしくない。ことによると結果は大惨事となるだろう。

世の中はいまだに二種類の脅威があることを認めようとしない。それは私たちが集合的に生物圏に与えている損害と、今の相互接続された世界が個人や少数集団の引き起こす事故やテロにかつてなく弱くなっていることから生じる脅威だ。しかも今世紀には新しい特徴として、大惨事が全世界に波及するという可能性がある。ジャレド・ダイアモンドは著書の『文明崩壊』において、[★6]五つの異なる社会が崩壊や大惨事に遭遇した経緯を詳述し、それと対照して現代のいくつかの社会の今後を展望している。しかし、それらは地球規模の出来事ではなかった。たとえば黒死病(ペスト)はオーストラリア大陸に到達していない。ところが今日のネットワーク化した世界では、経済崩壊やパンデミック、世界的な食料供給破綻などの結果から逃れられるところはどこにもないだろう。地球規模の脅威はほかにもある。たとえば核攻撃の応酬によるすさまじい火力が、いつまでも続く「核の冬」を引き起こしたら――。最悪の場合、従来の作物は何年も育たなくなる（あるいは小惑星の衝突や巨大火山の噴火でも、同じことが起こりうる）。

そうした窮地において、不可欠となるのは集合的な知力だ。たとえばスマートフォンはいくつかのテクノロジーの統合体だから、これを隅々まで理解している人間はひとりもいない。実際、もし私たちが極限サバイバル映画のように「終末」後の世界にひとり取り残されてしまったら、鉄器時代や農耕社会の基本的なテクノロジーでさえ、ほとんどの人には手に負えないだろう。ちなみにガイア仮説（自己制御する惑星生態）を提唱した博識家のジェームズ・ラヴロックは、それを理由として、「生存のためのハンドブック」の早急な準備を訴えてきた。基本的なテクノロジーを体系的にまとめて、広く配布し、安全に保管しておくべきだというわけである。イギリスの宇宙生物学者ルイス・ダートネルなども、『この世界が消えたあとの科学文明のつくりかた』というすばらしい著作で、この課題に手をつけている。★7

地球規模の危険の確率を評価して、かつ最小限にするために、なすべきことはほかにもある。私たちの上に覆いかぶさる危険の影は、人類にとってますます深刻度を増している。技術力で武装したはぐれ者がもたらしかねない新種の脅威も生まれている。これらの問題に立ち向かうには、国際的な対策が不可欠だ（たとえばパンデミックが全世界に波及するかどうかは、ベトナムの養鶏農家が奇妙な病気をどれだけ早く報告できるかにかかっているかもしれない）。しかしながら、課題の多くは――危険な気候変動を引き起こさずに世界のエネルギー需要を満たす方法を考えることにせよ、持続可能な環境を守りながら九〇億人分の食料源を確保することにせよ――何十年にも及ぶ長期計画を必要とする。そのような時間尺度は明らかに、大半の政治家の「コンフォートゾーン」から大幅にはみでている。長期的な計画や地球規模の計画を成立させるには、制度的な欠陥がありすぎるのだ。

当然ながら先進的なテクノロジーも、誤用や悪用をされれば危険につながり、大惨事さえも招きかねない。重要なのは、最高の専門知識を利用してリスク評価をした上で、サイエンスフィクションとして片づけられるリスクはそのままに、本当に憂慮すべきリスクには予防策を講じることだ。だが、これはどうしたらできるだろう。進歩のペースを制御することはできそうにない。ましてや潜在的に危険な開発を完全にやめさせるのも、どこかひとつの組織が財布のひもを握っているのでないかぎり、もっとできそうにない――というより、商売と慈善事業と行政からの資金提供がすべて入り混じったグローバル化された世界にあっては、それこそまったくの非現実的な話だろう。しかし、たとえ規制の効果が一〇〇パーセント近くにも及ばない――むしろ「ちょっと」の後押しにしかならない――としても、科学界が「責任あるイノベーション」を促進するためにできるかぎりの努力をするのは大切なことだ。とくに、さまざまなイノベーションの実現する順番を左右することには決定的な効果があるかもしれない。たとえば、超高性能のＡＩがひとたび「ならず者化」したら、もはやほかの開発を制御することはできない。しかし、ＡＩが人間の制御下から絶対に外れることなく、それでいて完成度の高いものになれば、そのＡＩはバイオテクノロジーやナノテクノロジーから生じるリスクを軽減するのに役立ってくれるだろう。

各国家は、新旧の世界的な組織にもっと主権を譲ることが必要になってくるかもしれない。たとえば国際原子力機関や世界保健機関といった組織だ。航空や電波周波数割り当てなどを管理する国際団体はすでに存在している。気候変動に関するパリ協定後の合意のような各種の協約もある。こうした機関をもっと増やして、エネルギー産出の計画や、水資源の確実な共有や、ＡＩや宇宙技術の責任ある活用などを任せる必要があるのかもしれない。すでにグーグルやフェイスブックといった準独占企業によって、国境は崩されつつある。新しく創設される機関も、政府に対する説明責任を維持するのは当然として、それとともにソーシャルメディアを——現在と同じく、今後数十年のあいだも——使いこなし、一般市民の関心を呼び込む必要があるだろう。ソーシャルメディアは無数の人々をキャンペーンに巻き込むが、人々からすれば参加のハードルが非常に低いため、ほとんどの人はかつての大衆運動にあったような当事者意識を持っていない。しかも、ソーシャルメディアは抗議を容易に表現できるようにもしてくれる一方で、あらゆる少数派の反対の声を実際以上に大きく見せるから、管理する側としてはさらに課題が増えてしまう。

だが、世界は国民国家が管理するものなのだろうか。現在、二つの傾向が個人間の信頼を薄くさせている。第一に、日常的につきあわなければならない相手が遠く離れていたり、世界に散らばっていたりすることが多くなった。そして第二に、不測の被害に対する現代生活の脆弱さがいっそう顕著になっている――「ハッカー」や反体制派が全世界に波及する事件を起こせる可能性が現実になってきたのだ。こうした傾向は必然的に、セキュリティ対策を拡大させる。すでにそれは私たちの日常生活に煩わしいものとして入り込んでいる。警備員も、複雑なパスワードも、空港での所持品検査もそのひとつだ。このいらだたしさは、おそらく今後ますます高まっていくだろう。オープンアクセスとセキュリティを両立させる公開分散型台帳「ブロックチェーン」のようなイノベーションは、インターネット全体をより安全にするプロトコルを提供できる。しかし、その現時点での用途――暗号通貨にもとづいた経済を伝統的な金融機関から独立して機能させること――は、益より害をもたらしているように見える。もし私たちが互いに信頼を感じられてさえいれば、ただの余計なものになるような活動や製品に、いったいどれだけの経済が捧げられているのかと気がつけば、勉強になるような悲しくなるような、なんとも複雑な思いがする。

各国間の富の格差や幸福度の格差は、狭まる兆しをほとんど見せていない。だが、この格差がいつまでも解消されなければ、とめどない暴発のリスクが増大するだろう。不利を被っている人々が自分たちの窮状の不当さに気がつくからだ。いまや移動は容易になっている。外国移住への欲求がいよいよ高まれば、それを制御するには、より強硬な手段が必要になるだろう。しかし、伝統的な方法での直接的な資金移動を別にすれば、インターネット、およびそのあとを継ぐものにより、各種のサービスはもっと簡単に、世界のどこにでも提供されるようになるはずだ。教育や医療の充実ももっと広く行き渡るだろう。貧しい国の生活の質と雇用機会を向上させるために莫大な投資をするのは、裕福な国にとっても有益なことなのだ——それが不平不満を最小限に減らし、世界を「レベルアップ」することになるからである。

5・3　共有される希望と不安

すべての科学者は、市民としての責任に加え、科学者ならではの特別の義務を負う。ときには科学研究そのものと真っ向からぶつかる倫理的義務もある。ほんのわずかでも大惨事のリスクがあるような実験は慎まねばならないし、動物や人間を使った実験研究をするときは倫理規定を遵守しなければならない。だが、もっと厄介な問題が生じるのは、やっている研究が実験室の外にまで及ぶ副次的効果を生み、すべての市民に関わる社会的、経済的、倫理的な影響をもたらす潜在的な可能性がある場合だ。あるいはその研究で、深刻な、しかし正確な評価はまだできない脅威が明らかになる場合も同様である。親ならば、子供が大人になったあとでも、その子供に何が起きるかを心配するのは当然だろう。たとえその時点で、親はもうほとんど子供を制御できないとしてもだ。同じように、科学者も自分のアイデアの所産に無関心でいてはならない――それは自分の創造物なのだ。商業的な意味であれなんであれ、科学者は有益な派生物を育てられるよう努めるべきである。自分の研究がいかがわしい目的やよくないことを招きそうな目的に応用されるのであれば、できるかぎり抵抗すべきだし、必要とあらば政治家にも警戒を訴えるべきである。もし自分の発見が倫理的にまずいと感じられたなら――これは今後もたびたび、痛烈に起こるだろうが――自分が専門分野以外ではなんの信用証明も持たないことを自覚して、一般市民といっしょになって問題に取り組むべきだろう。

過去を探せば、よい手本が見つかる。たとえば第二次世界大戦中に史上初の核兵器を開発した原子力科学者たちだ。運命のいたずらで、彼らは歴史を左右する重大な役割を担うことになった。その多くは――たとえばジョゼフ・ロートブラット、ハンス・ベーテ、ルドルフ・パイエルス、ジョン・シンプソン（ありがたいことに、私はこの全員とそれぞれの晩年に知己を得た）――安堵とともに平時の学術界に戻って研究にいそしんだ。しかし彼らにとって、象牙の塔は聖域ではなかった。彼らは学者としてだけでなく、責任ある市民としても活動を続けた。かつて自らが解き放つのに手を貸してしまった力をあらためて制御するべく、各国のアカデミーや、核兵器廃絶を訴える科学者が集まったパグウォッシュ会議、その他さまざまな公開討論会を通じて、取り組みの必要性を広く世に訴えた。彼らはその時代の錬金術師だった。普通の人が知りえない、秘密の特別な知識の持ち主だったのだ。

これまでの章で論じてきた各種のテクノロジーは、核兵器と同じぐらいに重大な意味合いを持つ。しかし「原子力科学者」とは対照的に、今日の新しい課題に取り組んでいる人々は、科学のほぼすべての分野に散らばっていて、国籍もじつにさまざまだ。そして学問や行政の部門だけでなく、商業部門でも研究活動を行なっている。こうした人々が何を発見し、何に関心を持っているかに関しては、計画と方針を世に知らせる必要がある。それにはどうすれば一番いいのだろう。

政治家や高官とのあいだに築かれた直接的なつながりも役に立つだろう。NGOや民間部門との連携も同様だ。しかし、政府のアドバイザーを務めた専門家がたびたび感じてきたことだが、彼らの意見は悔しいほどに影響力がないことが多い。一方で、政治家は目安箱になら影響される。もちろん報道にも影響される。むしろ科学者は、「部外者」や運動家の立場でいたほうが多くのことを達成できたりもする。多くの読者を得た本や、運動組織や、ブログや、ジャーナリズムをてこ代わりにして、あるいは――視点はさまざまなれど――政治活動を通じて、自分のメッセージをより強く伝えられるからだ。彼らの声がより広く世の中に伝わって、メディアにも拾われ、反響を生み、大きくなっていけば、地球規模の長期的な目標もいずれ政治の議題に取り上げられるだろう。

たとえばレイチェル・カーソンとカール・セーガンは、憂慮する科学者の手本として、その世代で抜群に知られる人物だった。そして二人とも、著作と講演を通じてとてつもない影響力を発揮した。これはソーシャルメディアとツイートが登場する前の時代の話である。もしセーガンが今の時代に生きていたら、「科学のための行進」〔二〇一七年のトランプ大統領就任後に始まった、地球の日（アースデイ）に行われる世界的イベント〕の先頭に立って、その情熱と弁舌でもって群集をしびれさせていただろう。

特別な義務は学者にもあるが、自営の企業家にもある。行政や業界に雇われている人に比べ、彼らは大衆の議論にいくらでも自由に関われるからだ。一方、学者は学生に影響を与えられるという特別な機会を持っている。世論調査の結果を見ると、当然予想されることながら、今世紀の最後まで生きる可能性の高い若い人ほど、地球規模の長期的な問題に強い関心を持ち、強い懸念を示していた。「効果的利他主義」のような社会運動への学生の参加率も急激に高まっている。ウィリアム・マッカスキルの『〈効果的な利他主義〉宣言！』は、じつに説得力ある宣言書だ。[★8]これを読むと、人間の暮らしを早急かつ有意に向上させるには、発展途上国や極貧国に狙いを定めて既存の資源を移動させることが不可欠なのだとあらためてわかる。資金の豊富な財団にはさらに牽引力がある（その代表格がビル＆メリンダ・ゲイツ財団で、とくに子供たちの健康にとてつもなく貢献してきた）――が、国民の強い要望にさらされたときに国家政府ができることの大きさはその比ではない。

世界の各宗教が果たせる役割についてはすでに述べたとおりだが、宗教は国家の枠を超え、長期的な視点で全世界の人々のこと、とくに世界の貧困層のことを考えられるコミュニティである。一方、世俗の組織として先導的な役割を果たしているのがカリフォルニアに本拠を置くロング・ナウ協会だ。この協会は、今の時代にはびこる短期主義とみごとに対照をなすシンボルを作り出そうとしている。ネバダ州の深い地下の洞穴に、巨大な時計を建設する予定なのである。一万年にわたって（非常にゆっくりと）時を刻むよう設計され、その悠久の時間のあいだ、毎日違う音色で鐘が鳴るようプログラムされている時計だ。今世紀中にそこを訪れる人は、大聖堂よりも長持ちするよう建設されたモニュメントを凝視して、今から一〇〇世紀後もこれはこうして時を刻んでいるのかと、胸に希望がわいてくることだろう。そして私たちの子孫のうちにも、同じようにしてそこを訪れる人がいることだろう。

今の私たちの頭上には、これまでに見たことのない、ともすると大惨事にもつながりかねない危険の影がちらついている。とはいえ、誰もが今日の「西洋」よりもよい暮らしができるような、持続可能で安全な世界を実現するうえで、科学的な障害は何もないのではないかと思われる。テクノロジーへの力の入れ方はバランスを見直す必要があるかもしれないが、それでも私たちはテクノロジーに関して楽観的であっていい。「責任あるイノベーション」の文化が根づいていって、とくにバイオテクノロジーや先進ＡＩや地球工学の分野で育っていけば、そして世界のテクノロジー推進の向く先に関して優先順位が見直されれば、リスクは最小限に抑えることができるだろう。私たちはこれからも科学とテクノロジーに楽観的であるべきだ。進歩にブレーキを踏むべきではない。「予防原則」の独善的な適用には明らかな弊害がある。地球規模の脅威に対処するには、今以上にテクノロジーが必要だ――ただし、それは社会科学と倫理に導かれたものでなくてはならない。

厄介な地政学的、社会学的な要素――潜在的可能性と実情とのギャップ――は悲観を生む。本書で述べてきたシナリオ――環境悪化、止めようのない気候変動、先進テクノロジーの意図せぬ影響――がそのまま進んだら、社会は深刻な、ことによると壊滅的な打撃を被るかもしれない。しかし各国は、そうした問題に立ち向かうべく、力を合わせて取り組まなくてはならない。長期的な計画や地球規模の計画を成立させるには制度的な欠陥がある。政治家は有権者と次の選挙のことばかりに目が向いている。株主は短期での利益を期待する。人々は今起こっていることでさえ、遠い他国でのことなら軽んじる。そして人々は、新しい世代に残していく問題点をあまりにも大きく割り引きすぎる。もっと広い視野を持たないかぎり――私たちはこの過密な世界で一蓮托生であることに気づかないかぎり――政府は長期的なプロジェクトに適正な優先順位をつけないだろう。だが、それは政治的な視野での「長期」であって、この惑星の歴史から見ればほんの一瞬にしかならないのである。

「宇宙船地球号」は虚空の中を突進している。乗客は不安といらだちでいっぱいだ。船の生命維持装置は脆弱で、いつ破損や故障に襲われてもおかしくない。それなのに、計画はほとんど練られていない。ホライズンスキャニング〔将来を見越しての変化の兆候の察知〕もほとんどされていない。長期的なリスクがあることもほとんど気づかれていない。未来の世代に遺贈するものが枯渇した危険な世界だなんて、なんとも情けない話ではないか。

本書の初めには、H・G・ウェルズを引用した。そこで本書の最後には、二〇世紀後半の科学界の賢人、ピーター・メダワーの言葉を呼び起こそう。「人類のために鳴る鐘は――少なくともそのほとんどは――アルプスの牛たちにつけられた鈴のようなものである。この鐘は私たち自身の首につけられている。それらが朗らかなハーモニーを響かせなかったら、それは私たちの責任であるに違いない」[★9]

だから今こそ、生命の運命について楽観的なビジョンを思い描こう――それがこの世界での生命にしろ、ここから遠く離れた世界での生命にしろ。私たちは地球規模でものを考える必要がある。合理的にものを考える必要がある。長期的にものを考える必要がある。そして、二一世紀のテクノロジーがそれを可能にしてくれる。ただし、その思考を導く価値観は、科学だけでは与えられない。

訳者あとがき

まえがきの冒頭で述べられている（しかも太字で強調されている）ように、「これは未来についての本である」

今から約四五億年後、私たちのいる銀河系（天の川銀河）は、隣のアンドロメダ銀河と衝突すると予測されている。といっても銀河は非常に広大で、隙間だらけなので、地球がどこかの星とぶつかる可能性はほとんどない。ただし銀河衝突の影響で、地球は太陽系もろとも、現在の位置からずっと離れたところまで弾き飛ばされてしまうらしい。

そして今から約六〇億年後、太陽がついに死を迎えるときがやってくる。太陽は中心核の燃料を使い果たして大きく膨れ上がり、やがて周囲の惑星を飲み込んでしまうという。これで地球は本当に終わりだ。

もっとも地球上の生命に関して言えば、それよりずっと前の約一四億年後ごろから太陽の光が強くなりすぎて、地表面に水が存在できなくなるために、その時点で死に絶えるという予測がある。

いずれにしても、想像するのも難しいほど遠い未来の話である。本書がおもに扱うのは、そこまで先の未来ではない。しかし、まったく関係がないわけでもない。

いずれ地球に注ぐ太陽の光が強くなりすぎて、と前段で書いたが、そうした地球規模の環境の大変動がもっと早くに起こってしまったら？　しかも、その早すぎる惨事が、私たち人間による環境破壊のせいで起こるのだとしたら？

あるいはまた、人間が新しい先進テクノロジーの使い方を間違えて、同じように破滅的な影響をこの地球に及ぼすのだとしたら？

そして十数億年先どころか、早くも次の世紀に人類存亡の危機が訪れるとしたら？

そうした緊急事態や、あるいはもっと遠い未来の終末を見据えて、私たち人類は宇宙のどこかへの移住を考えるべきなのか？

だが、その宇宙のどこかに、すでに先住民がいたならば？

そしていよいよ太陽が燃え尽きるとき、私たちの子孫は生きてそれを見届けることができるのか？　その子孫は、私たち人類と同じ種なのだろうか、それともまったく違った進化形態をしているのだろうか？

こうした五〇年から一〇〇年先の未来、何万年も何億年も先の未来についてのさまざまな懸念を、科学的な見地から、ひとつひとつ簡略ながらも的確に説明し、地球と人類の未来がどうなっていくのか、今の私たちがとるべき道はどういうものであるのかを提示しているのが本書である。

著者のマーティン・リースは、一九六〇年代から活躍する世界的に知られた天文学者で、とくに宇宙物理学を専門とする。ケンブリッジ大学で学び、同年代のスティーヴン・ホーキングと同じくデニス・シアマ教授の指導のもとで博士課程を修了した。以来、天文学と宇宙論の分野で五〇〇本以上の論文を発表している。一九九五年から現在にいたるまで、イギリスの王室天文官という由緒ある役職に就いており、かつてはケンブリッジ大学トリニティ・カレッジの学寮長、イギリスの科学アカデミーにあたる王立協会の会長も務めた。本国イギリス以外でも、アメリカ、ロシア、オランダ、トルコ、ローマ教皇庁の科学アカデミー、および日本学士院の会員に名を連ねている。専門研究のかたわら、一般市民向けの講演なども活発に行なってきた。二〇〇五年には、これまでの業績を認められて一代貴族に叙され、イギリスの貴族院（上院）の一員として科学技術に関するさまざまな案件の諮問に関わっている。経歴がすべてではないものの、それがひとつの信用証明になるとすれば、リースほど立派な信用状を持っている科学者もそう多くはないだろう。一九四二年生まれなので、御年七七歳。今でも若々しい現役の研究者だが、あるインタビューでご本人が語っていたところによると、本書にも名前が出てくる有名な物理学者のフリーマン・ダイソンは「老人は論文より本を書け」と言っているのだそうだ。その言葉のおかげなのかどうか、リースがこれまでの豊富な経験と学識をもとに、一般向けのこの本を著してくれたわけである。

本書で探られている未来のうち、今の私たちが第一に考えるべきは、やはり五〇年から一〇〇年先の未来ということになるだろう。なにしろこの一〇〇年を無事に乗り切らなければ、宇宙開発やポストヒューマンといった、もっと先の未来像ははなから無意味なものになってしまうのだから。

前世紀に、物理学と天文学は大きく発展した。原子以下のとても小さなものから、星や銀河のようなとても大きなものまで、一九世紀まではわかっていなかったさまざまな構造や原理がつぎつぎと明らかにされていった。そうした研究の応用から、人間の生活に大いに役立つ新しい技術も開発された。しかし時代を問わず、新しい技術にはつねに未知の危険の可能性が内包されている。二〇世紀の場合、その最たる例が、原子力だった。人間は原子力というとてつもなく大きなエネルギー源を手にしたが、その使い方を誤って、恐ろしい核兵器を生み出したり、悲惨な発電所事故を起こしたりした。そしてもうひとつ、前世紀にいつのまにかじわじわと地球を蝕んだのが、化石燃料を利用して発展した快適な産業化社会から排出される大量の二酸化炭素を主原因とした、地球温暖化という現象である。つねづね、あちこちで指摘されているように、この現代ならではの二つの問題は、解消されるどころか従来の先進社会から発展途上社会にも広まって、いまだ解決の見通しのつかない前世紀からの宿題になっている。

そして今世紀、科学界では、また新たな技術が飛躍的に発展している。とくに顕著なのが、バイオテクノロジー、サイバーテクノロジー、ロボット工学、ＡＩ（人工知能）の分野での発展だ。遺伝子工学を利用した生長の早い機能性作物は世界の食糧事情に大いに貢献しているが、「デザイナーベビー」には倫理的な問題があり、有害なウィルスが人工合成されれば恐ろしいパンデミックにつながる危険もある。コンピューターがチェスや囲碁の名人に勝ち、ロボットが火星や木星や小惑星を探査しているニュースが届く一方で、「キラーロボット」という穏やかならざるものも各種の報道で目にするようになってきた。そしてインターネットはすっかり日常に普及して、私たちはいつでもどこでも調べ物や買い物ができ、世界中の人とつながれるようになったが、そのネットワークがひとたび故障したり悪用されたりすれば、今の私たちの生活はたちまち破綻をきたすだろう。こうした功罪相半ばする科学技術は、私たちの暮らしをよりよくしてくれる大きな希望であるのと同じぐらい、下手をすると人類の存続さえ脅かしかねない大きな危険にもなりうるのである。

これらの問題に関して、リースはすでに一六年前にも一冊の本を書いている。それには *Our Final Century?*（邦題『今世紀で人類は終わる？』）という題がつけられていた。本書はそのアップデート版と見なしてもよいのかもしれないが、今回の原題は *On the Future*（直訳すれば『未来について』）である。このトーンの違いはなんだろう。前作において、リースは現在の地球文明が今世紀を生き延びられるかはほぼ五分五分だと書いていた。十数年を経て、リースの見方は悲観的なものから楽観的なものに変わったのだろうか。それについて、リースは最近のインタビューでこう答えている。

五分五分というのはおおよその数字でしたが、私たちの文明に深刻なつまずきが生じるかもしれないとは今でも強く思っていますし、テクノロジーによって個人が全世界に破壊的な影響を及ぼせるということに関しては、あのとき以上に心配しています。

地球の資源と環境に対して人類全体が及ぼす影響についても、心配はさらに大きくなっています。エネルギーと資源への需要は今も伸びつづけている。私たちは持続可能でない道を歩んでいるのではないか。これに関する私の懸念は二〇〇三年以来、ずっと高まったままです。

前作においても今作においても、世界の現状に対するリースの見方は基本的に変わっていなかった。しかし思えば前作も、行き過ぎた科学技術に対する警告の書ではなく、まして終末論的な悲観をあおるものではまったくなかった。リースはつねに未来を語っていた。今の世界が直面している危険を避けるには、テクノロジーにブレーキをかけるのではなく、科学的な理解を深めたうえで、適切なテクノロジーをもっと迅速に広めていくべきだというのがリースの一貫した考えである。前作では危険の大きさを訴えるほうに、そして今作では危険を踏まえての行動を呼びかけるほうに比重が置かれたということだろう。彼はどこまでも「テクノロジー楽観論者」なのだ。

そして本書が教えてくれることはもうひとつある。それはリスク評価という考え方だ。

たいていの人はリスクを嫌う。「安全と安心は違う」「安全よりも安心がほしい」という人もいる。しかし、そもそも何事においてもリスクがゼロということはありえない。「絶対安全」はないということだ。そこで必要となるのが、適切なリスク評価であり、リスクを評価するにあたっての基盤が科学である。科学的に検証された客観的な数字によって、どれだけの確率で危険が生じうるかが決定される。飛行機はどこまで「安全」なのか。原子力発電は、ゲノム編集食品はどこまで「安全」なのか。「安心」を得たいなら、私たちはそれらの数字の意味するところを理解して、利益と弊害を天秤にかけ、自分がどこまでのリスクを許容できるかを考えるしかないのではないか。リスクの許容度は人によって違うため、その先はまた別の議論となるだろう。しかし前提となるリスク評価を共有しておくことは、社会にとって大切なことだろう。つまるところ、わからないものは怖いのだ。安心は知識から得られるのである。

最後に、本書に対する海外の評をいくつか紹介しておこう。

社会における科学の重要性を論じるのに、マーティン・リースほど優れた代弁者はいない。

（『エコノミスト』）

人類が今後一〇〇年を生き延びられるかを探るこの本に、ぞっとしながら魅了される。（『ガーディアン』）

重大な、しかもたいてい恐ろしい問題の数々を、きわめて読みやすい軽妙なタッチで論じる芸当を見せてくれている。（『フィナンシャル・タイムズ』）

日本のみなさまもぜひご一読ください。

翻訳にあたっては、多くの方からさまざまなご支援をいただきました。とくに、翻訳する機会をくださった渡辺和貴さん、主として編集を担当してくださった作品社編集部の倉畑雄太さん、全体を調整してくださった福田隆雄さんに、この場を借りてお礼を申し上げます。

二〇一九年一〇月

塩原通緒

ON THE FUTURE
by
Martin Rees

私たちが、地球に住めなくなる前に
宇宙物理学者から見た人類の未来

2019年11月20日　初版第1刷印刷
2019年11月30日　初版第1刷発行

著者 マーティン・リース
訳者 塩原通緒

発行者 和田 肇
発行所 株式会社作品社
〒102-0072　東京都千代田区飯田橋2-7-4
電話 03-3262-9753
ファクス 03-3262-9757
振替口座 00160-3-27183
ウェブサイト http://www.sakuhinsha.com

装幀 加藤愛子（オフィスキントン）
カバー写真 © PopTika / Shutterstock.com
本文組版 大友哲郎
印刷・製本 シナノ印刷株式会社

ISBN978-4-86182-777-8　C0040　Printed in Japan

マーティン・リース（Martin Rees）
1942年生まれ。世界的に著名なイギリスの宇宙物理学者・天文学者。英国王室天文官、元ロンドン王立協会会長、元ケンブリッジ大学トリニティ・カレッジ学寮長。著書に、『宇宙を支配する6つの数』（草思社）、『宇宙の素顔――すべてを支配する法則を求めて』（講談社ブルーバックス）、『今世紀で人類は終わる？』（草思社）など。

塩原通緒（しおばら・みちお）
翻訳家。立教大学文学部英米文学科卒業。訳書にスティーヴン・ホーキング『ホーキング、ブラックホールを語る――BBCリース講義』（佐藤勝彦監修、早川書房）、リサ・ランドール『ワープする宇宙――5次元時空の謎を解く』（向山信治監訳、日本放送出版協会）、スティーブン・ピンカー『暴力の人類史』（共訳、青土社）ほか多数。

索引

な行

は行

ま行

ら行

わ行

英字

原註

第1章　人新世の真っ只中で

★1　*The Earl of Birkenhead, The World in 2030 AD* (London: Hodder and Stoughton, 1930).〔邦訳：『百年後の科学文明――2030年の世界』バークンヘッド著、佐藤荘一郎訳、先進社、1931年〕

★2　Martin Rees, *Our Final Century* (London: Random House, 2003). アメリカ版（published by Basic Books）は、*Our Final Hour* と改題された。〔邦訳：『今世紀で人類は終わる？』マーティン・リース著、堀千恵子訳、草思社、2007年〕

★3　「未来の発見」（“The Discovery of the Future”）と題したH・G・ウェルズの講演は、1902年1月24日にロンドンの王立研究所で行なわれ、のちに同タイトルの書籍として出版された。

★4　‘Resilient Military Systems and the Cyber Threat’, Defense Science Board Report January 2013. 同様の懸念は、元CIA長官のデヴィッド・ペトレイアスをはじめ、何人ものアメリカの名士がたびたび身をもって警告している。

★5　国際連合の「世界人口予測」2017年改訂版で引用されている最良推定値では、2050年の人口は97億人。もうひとつの権威あるソースは国際応用システム分析研究所（International Institute for Applied Systems Analysis）の人口推計（Population Project）で、こちらでの推定値はもう少し低い。

★6　世界の食料供給と水供給についての報告は多数ある。たとえば英国王立協会と全米科学アカデミーが2013年に共同で発表した報告書（‘Modelling Earth’s Future’）など。

★7　国連の「環境と開発に関する世界委員会」が1987年に公表した報告書「われら共有の未来」（‘Our Common Future’）。

★8　ユンケルの発言の出典は以下。*Economist*, March 15, 2007.

★9　「プラネタリー・バウンダリー」のコンセプトは、2009年のストックホルム・レジリエンス・センターからの報告書で詳細に説明され

た。

★10　E. O. Wilson, *The Creation: An Appeal to Save Life on Earth* (New York: W. W. Norton, 2006).〔原書での引用出典は上記のとおりだが、実際には、E. O. Wilson, *In Search of Nature* (Washington D.C.: Island Press, 1996) の中の一文ではないかと思われる（邦訳：『生き物たちの神秘生活』エドワード・O・ウィルソン著、廣野喜幸訳、徳間書店、1999年）。ただし引用されている最後の一文はこの文献にも見当たらず、出典不明。〕

★11　この会議は2014年5月2日から6日に行なわれた。名称は「持続可能な人類、持続可能な自然――われわれの責任」（'Sustainable Humanity, Sustainable Nature: Our Responsibility'）。共同スポンサーは、ローマ教皇庁科学アカデミーとローマ教皇庁社会科学アカデミー。

★12　出典は以下。Alfred Russel Wallace, *The Malay Archipelago* (London: Harper, 1869).〔邦訳：『マレー諸島――オランウータンと極楽鳥の土地』アルフレッド・ラッセル・ウォレス著、新妻昭夫訳、筑摩書房（ちくま学芸文庫）、1993年、ほか〕

★13　このプロジェクトには、カリフォルニア大学サンディエゴ校（ラホヤ）のC・ケンネルらのほか、イギリスのエミリー・シャックバラやスティーヴン・ブリッグスといった科学者も関わっている。

★14　Bjørn Lomborg, *The Skeptical Environmentalist* (Cambridge University Press, 2001).〔邦訳：『環境危機をあおってはいけない――地球環境のホントの実態』ビョルン・ロンボルグ著、山形浩生訳、文藝春秋、2003年〕コペンハーゲン・コンセンサスは2002年に創設され、コペンハーゲンの環境アセスメント研究所の後援を受けている。

★15　The Stern Review Report on the Economics of Climate Change, HM Treasury, UK, 2006.

★16　G. Wagner and M. Weitzman, *Climate Shock: the Economic Consequences of a Hotter Planet* (Princeton. NJ: Princeton University Press, 2015).〔邦訳：『気候変動クライシス』ゲルノット・ワグナー、マーティン・ワイツマン著、山形浩生訳、東洋経済新報社、2016年〕

★17　W. Mischel, Y. Shoda, and M. L. Rodriguez, 'Delay of Gratification in Children', *Science* 244 (1989): 933–38.

★18 'Cuba's 100-Year Plan for Climate Change', *Science* 359 (2018): 144–45.

★19 イギリスでは、ヨットで世界一周をなしとげたことで有名になり、世に多数のファンを持つエレン・マッカーサーの訴えを通じて、循環経済の主張が勢いを得てきた。

★20 地球工学の概要については以下を推奨。Oliver Morton, *The Planet Remade: How Geoengineering Could Change the World* (Princeton: NJ: Princeton University Press, 2016).

第２章　地球での人類の未来

★1 ロバート・ボイルの一連の著作とともに、この文書については科学史家のフェリシティ・ヘンダーソン（Felicity Henderson）が2010年の王立協会報告書（Royal Society Report）で論じている。

★2 このリストはオンラインで見られる。以下を参照。https://www.telegraph.co.uk/news/uknews/7798201/Robert-Boyles-Wish-list.html

★3 この分野の発展についてのわかりやすい参考書として、以下の二冊を挙げる。Jennifer A. Doudna and Samuel S. Sternberg, *A Crack in Creation* (Boston: Houghton Mifflin Harcourt, 2017).（ジェニファー・ダウドナはゲノム編集技術「クリスパー・キャス９」システムの考案者のひとりである。）〔邦訳：『CRISPR 究極の遺伝子編集技術の発見』ジェニファー・ダウドナ、サミュエル・スターンバーグ著、櫻井祐子訳、文藝春秋、2017年〕; Siddhartha Mukherjee, *The Gene: An Intimate History* (New York: Scribner, 2016).〔邦訳：『遺伝子――親密なる人類史』（上・下）シッダールタ・ムカジー著、仲野徹監修、田中文訳、早川書房、2018年〕

★4 アルバータ大学のＤ・エヴァンズとＲ・ノイスを著者とするこの論文は、*PLOS One* に掲載され、2018年１月19日の Science News で議論されている。Ryan S. Noyce, Seth Lederman, and David H. Evans, 'Construction of an Infectious Horsepox Virus Vaccine from Chemically Synthesized DNA Fragments', *PLOS One* (January 19, 2018): https://doi.org/10.1371/journal.pone.0188453

★5 Chris D. Thomas, *Inheritors of the Earth* (London: Allen Lane, 2017).〔邦訳：『なぜわれわれは外来生物を受け入れる必要があるの

か』クリス・D・トマス著、上原ゆうこ訳、原書房、2018年〕

★6　Steven Pinker, *The Better Angels of Our Nature: Why Violence Has Declined* (New York: Penguin Books, 2011).〔邦訳：『暴力の人類史』（上・下）スティーブン・ピンカー著、幾島幸子、塩原通緒訳、青土社、2015年〕

★7　Freeman Dyson, *Dreams of Earth and Sky* (New York: Penguin Random House, 2015).

★8　これらの発展については、以下の2冊で概観されている。Murray Shanahan, *The Technological Singularity* (Cambridge, MA: MIT Press, 2015).〔邦訳：『シンギュラリティ――人工知能から超知能へ』マレー・シャナハン著、ドミニク・チェン監訳、ヨーズン・チェン、パトリック・チェン訳、NTT出版、2016年〕；Margaret Boden, *AI: Its Nature and Future* (Oxford: Oxford University Press, 2016). もっと思索的な見方に興味があれば、以下を参照。Max Tegmark, *Life 3.0: Being Human in the Age of Artificial Intelligence* (New York: Penguin Random House 2017).

★9　David Silver et al., 'Mastering the Game of Go without Human Knowledge', *Nature* 550 (2017): 354–59.

★10　https://en.wikipedia.org/wiki/Reported_Road_Casualties_Great_Britain

★11　この書簡は、マサチューセッツ工科大学（MIT）に拠点を置く団体「フューチャー・オブ・ライフ・インスティテュート」（the Future of Life Institute）が主導した。

★12　引用したスチュワート・ラッセルの発言の出典は以下。*Financial Times*, January 6, 2018.

★13　以下を参照。Ray Kurzweil, *The Singularity Is Near: When Humans Transcend Biology* (New York: Viking, 2005).〔邦訳：『ポスト・ヒューマン誕生――コンピュータが人類の知性を超えるとき』レイ・カーツワイル著、井上健監訳、小野木明恵、野中香方子、福田実共訳、日本放送出版協会、2007年〕

★14　P. Hut and M. Rees, "How Stable Is Our Vacuum?" *Nature* 302 (1983): 508–9.

★15　デレク・パーフィットの主張は以下の著作の第四部で示されている。Derek Parfit, *Reasons and Persons* (New York: Oxford Univer-

sity Press, 1984).〔邦訳:『理由と人格――非人格性の倫理へ』デレク・パーフィット著、森村進訳、勁草書房、1998年〕

★16 これらの極端なリスクについての概説として、以下を推奨する。Nick Bostrom and Milan Ćirković, eds., *Global Catastrophic Risks* (Oxford: Oxford University Press, 2011); Phil Torres, *Morality, Foresight, and Human Flourishing: An Introduction to Existential Risks* (Durham, NC: Pitchstone, 2017).

第3章 宇宙から見た人類

★1 引用の出典は以下。Carl Sagan, *Pale Blue Dot: A Vision of a Human Future in Space* (New York: Random House, 1994).〔邦訳:『惑星へ』(上・下) カール・セーガン著、森暁雄監訳、朝日新聞社(朝日文庫)、1998年〕

★2 Alfred Russel Wallace, *Man's Place in the Universe* (London: Chapman and Hall, 1902). この本はグーテンベルク・プロジェクトから無料ダウンロードできる。

★3 Michel Mayor and Didier Queloz, 'A Jupiter-Mass Companion to a Solar-Type Star', *Nature* 378 (1995): 355–59.

★4 ケプラー宇宙機の成果については、最良の情報がNASAのウェブサイトで公開されている。https://www.nasa.gov/mission_pages/kepler/main/index.html

★5 Michael Gillon et al., 'Seven Temperate Terrestrial Planets Around the Nearby Ultracool Dwarf Star TRAPPIST-1', *Nature* 542 (2017): 456–60.

★6 レーザー加速のアイデアは、1970年代に夢見る技術者のロバート・フォワードが論じたものだ。もっと最近では、P・ルービン、J・ベンフォードらによる詳細な研究がある。また、ロシア出身の資産家ユーリ・ミルナーの率いるブレークスルー財団が後援するスターショット計画では、超小型の探査機を光速の20パーセントまで加速させられるかどうか、それによって最も近い星までの到達を20年以内に達成できるかどうかが真剣に研究されている。

★7 この話題についての入門書として、以下を推奨する。Jim Al-Khalili, ed., *Aliens: The World's Leading Scientists on the Search for Extraterrestrial Life* (New York: Picador, 2017).〔邦訳:『エイリ

アン――科学者たちが語る地球外生命』ジム・アル＝カリーリ編、斉藤隆央訳、紀伊國屋書店、2019年〕; Nick Lane, *The Vital Question: Why Is Life the Way It Is?* (New York: W. W. Norton, 2015).〔邦訳：『生命、エネルギー、進化』ニック・レーン著、斉藤隆央訳、みすず書房、2016年〕

★8　パルサーについては膨大な文献があるが、概説としては以下を参照。Geoff McNamara, *Clocks in the Sky: The Story of Pulsars* (New York: Springer, 2008).

★9　高速電波バーストは集中的に研究されており、考え方もつねに急速に変化している。参照するならウィキペディアが最適だ。https://en.wikipedia.org/ wiki/Fast_radio_burst.

第４章　科学の限界と未来

★1　コンウェイの伝記は以下。Siobhan Roberts, *Genius at Play: The Curious Mind of John Horton Conway* (New York: Bloomsbury, 2015).

★2　この随筆は以下の著作に収録されている。Eugene Wigner, *Symmetries and Reflections: Scientific Essays of Eugene P. Wigner* (Bloomington: Indiana University Press, 1967).〔邦訳：『自然法則と不変性』E・P・ウィグナー著、岩崎洋一ほか訳、ダイヤモンド社、1974年〕

★3　引用の出典は、ディラックの1931年の古典的論文。Paul Dirac, 'Quantised Singularities in the Electromagnetic Field', *Proceedings of the Royal Society A*, 133 (1931): 60.

★4　この発見と、その背景については、以下ですばらしく説明されている。Govert Schilling, *Ripples in Spacetime* (Cambridge, MA: Belknap Press of Harvard University Press, 2017).〔邦訳：『時空のさざなみ――重力波天文学の夜明け』ホヴァート・シリング著、斉藤隆央訳、化学同人、2017年〕

★5　Freeman Dyson, 'Time without End: Physics and Biology in an Open Universe', *Reviews of Modern Physics* 51 (1979): 447–60.

★6　Martin Rees, *Before the Beginning: Our Universe and Others* (New York, Basic Books, 1997).

★7　David Deutsch, *The Beginning of Infinity: Explanations That*

Transform the World (New York: Viking, 2011).〔邦訳：『無限の始まり――ひとはなぜ限りない可能性をもつのか』デイヴィッド・ドイッチュ著、熊谷玲美、田沢恭子、松井信彦訳、インターシフト、2013年〕

★8　ダーウィンからエイサ・グレイへの1860年5月22日付の書簡。Darwin Correspondence Project, Cambridge University Library.

★9　William Paley, *Evidences of Christianity* (1802).

★10　この項の一部は、私が以下の小論で最初に述べたことである。Martin J. Rees, "Cosmology and the Multiverse", in *Universe or Multiverse*, ed. Bernard Carr (Cambridge: Cambridge University Press, 2007).

★11　John Polkinghorne, *Science and Theology* (London: SPCK/Fortress Press, 1995).〔邦訳：『自然科学とキリスト教』J・ポーキングホーン著、本多峰子訳、教文館、2003年〕

第5章　結び

★1　E. O. Wilson, *Letters to a Young Scientist* (New York: Liveright, 2014).〔邦訳：『若き科学者への手紙――情熱こそ成功の鍵』エドワード・O・ウィルソン著、北川玲訳、創元社、2015年〕

★2　科学的手法に関するカール・ポパーの主要な著作は以下。Karl Popper, *The Logic of Scientific Discovery* (London: Routledge, 1959). これは1934年出版のドイツ語版原書からの翻訳である。〔邦訳：『科学的発見の論理』（上・下）カール・R・ポパー著、大内義一、森博訳、恒星社厚生閣、1971-1972年〕このあいだの期間に、ポパーは政治理論への貢献として深い感銘を与える著作、*The Open Society and Its Enemies* で評価を高めた。〔邦訳：『自由社会の哲学とその論敵』カール・ライマンド・ポッパー著、武田弘道訳、世界思想社、1973年（原著の第2巻）／『開かれた社会とその敵 第2部／予言の大潮――ヘーゲル、マルクスとその余波』カール・R・ポパー著、小河原誠、内田詔夫訳、未來社、1980年〕

★3　P. Medawar, *The Hope of Progress* (Garden City, NY: Anchor Press, 1973), 69.〔邦訳：『進歩への希望――科学の擁護』P・B・メダワー著、千原呉郎、千原鈴子訳、東京化学同人、1978年〕

★4　T. S. Kuhn, *The Structure of Scientific Revolutions* (Chicago:

University of Chicago Press, 1962).〔邦訳：『科学革命の構造』トーマス・S・クーン著、中山茂訳、みすず書房、1980 年〕

★5 ポパーやクーンらの観点を明確に批評した一般向けの本として、以下を推奨する。Tim Lewens, *The Meaning of Science* (New York: Basic Books, 2016).

★6 Jared Diamond, *Collapse: How Societies Choose to Fail or Succeed* (New York: Penguin, 2005).〔邦訳：『文明崩壊――滅亡と存続の命運を分けるもの』（上・下）ジャレド・ダイアモンド著、楡井浩一訳、草思社、2005 年／草思社文庫、2012 年〕

★7 Lewis Dartnell, *The Knowledge: How to Rebuild Our World from Scratch* (New York: Penguin, 2015).〔邦訳：『この世界が消えたあとの科学文明のつくりかた』ルイス・ダートネル著、東郷えりか訳、河出書房新社、2015 年／河出文庫、2018 年〕

★8 William MacAskill, *Doing Good Better: Effective Altruism and How You Can Make a Difference* (New York: Random House, 2016).〔邦訳：『〈効果的な利他主義〉宣言！――慈善活動への科学的アプローチ』ウィリアム・マッカスキル著、千葉敏生訳、みすず書房、2018 年〕

★9 P. Medawar, *The Future of Man* (1959).〔邦訳：『人間の未来』メダウォア著、梅田敏郎訳、みすず書房、1964 年〕